微污染水源水
净化技术与工艺

杨辉 袁雅姝 著

WEIWURAN SHUIYUANSHUI
JINGHUA JISHU
YU GONGYI

化学工业出版社
·北京·

内 容 简 介

本书共分6章，主要介绍微污染水源水污染物及危害、微污染水库水处理技术、新型气浮-沉淀技术与工艺、洪水期突发微生物污染处理技术与工艺、低温低浊期突发微生物污染处理技术与工艺、湖库高藻水预氧化除藻技术与工艺、紫外线消毒技术与工艺等内容。

本书内容基于3项省级课题的研究成果而形成，实用性较强，可供从事微污染水源水工程的技术人员、科研人员和管理人员阅读参考，也可供高等学校市政工程、给排水科学与工程、环境工程及相关专业师生学习使用。

图书在版编目(CIP)数据

微污染水源水净化技术与工艺 / 杨辉，袁雅姝著. —
北京：化学工业出版社，2021.9（2023.1重印）
　ISBN 978-7-122-39476-7

　Ⅰ.①微…　Ⅱ.①杨…②袁…　Ⅲ.①微污染-水源-
净化　Ⅳ.①TU991.2

中国版本图书馆 CIP 数据核字（2021）第 135476 号

责任编辑：董　琳　　　　　　　文字编辑：王文莉　陈小滔
责任校对：刘　颖　　　　　　　装帧设计：史利平

出版发行：化学工业出版社（北京市东城区青年湖南街 13 号　邮政编码 100011）
印　　装：北京印刷集团有限责任公司
787mm×1092mm　1/16　印张 12¼　字数 268 千字　2023 年 1 月北京第 1 版第 2 次印刷

购书咨询：010-64518888　　　　售后服务：010-64518899
网　　址：http://www.cip.com.cn

定　　价：85.00 元

前言

　　饮用水安全直接关系广大人民群众的健康，让百姓喝上放心水是重大民生问题，从南到北，各地方政府对从源头到龙头的给水工程极其关注。

　　我国正处在高速城市化发展过程中，水污染治理取得了重要进展，但仍然存在水污染事故的威胁，影响城市安全供水。 水库水相较于河流具有低温低浊、高藻、突发高浊等水质特点。 夏秋季节，湖泊、水库水容易出现藻类暴发事件，造成居民饮用水臭味、色度等超标，简单的液氯氧化会出现藻毒素、卤代烷等消毒副产物。 春夏季汛期，水库水显现出高浊高微生物的特点。 秋冬季节，北方地区多水源水库水出现特殊种类微生物，如非典型大肠杆菌，剑水蚤等。 目前，我国 90％ 水厂采用混凝、沉淀、过滤、消毒的常规水处理工艺。 随着生活饮用水卫生标准的全面提升，水质指标增加了消毒副产物、微生物及有毒有害有机物等数十项指标，水库水源水的季节性水质特征及突发微污染事件对水厂净水技术及运行工艺提出了新的要求。 因此，对现有常规水处理工艺进行优化改造，加强其应对突发污染事件的能力尤为重要。

　　本书介绍新型的气浮-沉淀工艺，将气浮和沉淀两种工艺有机结合在一个构筑物中，当水体浊度较低或藻类含量较高时，运行气浮工艺；当水体突发高浊或持续高浊时，运行沉淀工艺，有效抵抗水库水质负荷的改变。 对其工作原理、技术特点、工艺运行影响因素及运行效果进行详细介绍，为新型气浮-沉淀工艺的推广运行提供技术支撑。 微污染水库水源水中，藻类的出现增加了氯消毒副产物出现的风险。 紫外线消毒技术因其高效、迅速和不产生消毒副产物等优点，在饮用水处理行业中受到了越来越多的重视。 本书阐述了密闭式紫外线消毒器的工艺特点、工艺运行效果及消毒后细菌暗复活的影响条件，针对水库水汛期突发微生物污染、低温低浊突发微生物污染、高藻水问题，提出水厂运行组合工艺及方法，有效去除污染物、灭活微生物、控制消毒副产物，全面提升水厂应对突发污染事件的能力。

本书内容基于3项省级课题的研究成果而形成，可以为微污染水源净水厂提供技术指导。本书力求理论通俗易懂，技术描述语言简练，充分结合不同地区水库水源水质特点提出相应水处理技术及工艺，具有广泛的实用性。本书可供从事微污染水源水工程的技术人员、科研人员和管理人员阅读参考，也可供高等学校市政工程、给排水科学与工程、环境工程及相关专业师生学习使用。

本书共分6章，第1章、第2章、第5章、第6章由沈阳建筑大学杨辉执笔；第3章、第4章由沈阳建筑大学袁雅姝执笔。全书由杨辉统稿。感谢柴新、严梦姣、吴睿对本书撰写提供的帮助。

由于著者水平有限，书中不足和疏漏之处在所难免，恳请读者提出宝贵意见。

著者
2021 年 4 月

目录

第1章

绪 论

1.1 我国水资源状况

我国是一个严重缺水的国家，淡水资源总量为 2.8 万亿立方米，占全球水资源总量的 6%，仅次于巴西、俄罗斯和加拿大，居世界第 4 位。人均水资源占有量 2300m³，仅为世界平均水平的 1/4，位居全世界 121 位，是全球 13 个人均水资源量最贫乏的国家之一。若扣除难以利用的洪水径流和散布在偏远地区的地下水资源，我国实际可利用的淡水资源量更少，仅为 1.1 万亿立方米左右，人均可利用水资源量约为 900m³，并且其分布极不均衡。全国 600 多个大中城市中，已有 400 多个城市存在供水不足问题，其中比较严重的缺水城市达 110 个，全国城市缺水总量为 60 亿立方米。

我国水资源时空分布不匀，82% 的地表水和 70% 的地下水分布在长江流域及其以南地区，北方和沿海地区许多城市可利用的水资源十分短缺，70% 的降水量集中在夏秋季的 3~4 个月里。近些年来，我国环境保护部门加大了水资源管理与治理力度，但是水源水仍然存在不同程度的污染。《2019 年中国生态环境状况公报》显示，2019 年全国地表水 1931 个水质监测断面中，Ⅰ~Ⅲ类水质断面占 74.9%、劣Ⅴ类水质断面占 3.4%。主要污染指标为化学需氧量（COD）、总磷（TP）和高锰酸盐指数。北方的松花江流域为轻度污染，辽河流域干流、大辽河水系和大凌河水系为轻度污染，主要支流为中度污染。水质监测的 110 个重要的湖泊（水库）中，Ⅰ~Ⅲ类湖泊（水库）占 69.1%，劣Ⅴ类占 7.3%，主要污染指标为化学需氧量、总磷和高锰酸盐指数。开展营养状态监测的 107 个重要湖泊（水库）中，贫营养状态湖泊（水库）占 9.3%，中营养状态占 62.6%，轻度富营养状态占 22.4%，中度富营养状态占 5.6%。

水库作为经济增长和社会发展的重要基础设施，在防洪、灌溉等许多方面都发挥着重要作用。我国地幅辽阔，水库数量较多，据第一次全国水利普查结果显示，我国库容超过 10 万立方米的水库数量达到 98002 座，总库容达到 9323.12 亿立方米。其中，大、中、小型水库分别为 756 座、3938 座、93308 座，总库容分别为 7499.85 亿立方米、1119.76 亿立方米、703.51 亿立方米。

随着水资源短缺形势的加剧和水源污染程度的不断加深，水库作为优质水的来源，其在供水方面的功能越来越重要。1996 年，联合国开发计划署统计结果表明，饮用水的来源开始依赖水库水源。近些年来，水库在我国很多地区已经成为重要的饮用水水源地，南方地区水库数目分布较集中、水库总库容较大，密云水库、岳城水库及大伙房水库等处于北方地区的特大型水库供水需求也不断增加，水库供水作用越发突出。

1.2 微污染水源水污染物及危害

1.2.1 微污染水源水污染物种类

在受污染水体中，一般同时存在胶体颗粒、无机离子、藻类个体、有机物等。它们之间不是独立的子系统，而是相互联系、密不可分的污染物复杂体系。

（1）胶体

对于未受有机污染的天然地表水，胶体主要为无机黏土及其他无机成分。当水体受到污染时，胶体的性质将发生一些变化。无机胶粒有较大的比表面积，对水中有机物、细菌、藻类有一定吸附作用，使无机胶体颗粒的带电特性发生变化，从而增加胶体的 ζ 电位，增加了胶体的稳定性。

（2）有机物

水源水中的有机污染物可分为天然有机物和人工合成有机物两大类。例如：由动植物残体通过化学和生物降解以及微生物的合成作用而形成的腐殖质；藻类的分泌物及藻类尸体分解产物的藻类有机物；人工合成的具有生物富集性、"三致"（致突变、致畸、致癌）作用和毒性的有机物；生活污水和工业废水中包含的氨基酸、蛋白质、脂肪、碳水化合物等耗氧有机物，分解常释放出 N、P、S 等营养物质，造成水体富营养化。

1.2.2 微污染水源水污染物危害

微污染水主要是指受有机物污染的水源水，微污染水源水的污染指标以高锰酸盐指数和氨氮为主。致病细菌、病毒、藻类、有机物等水中污染物质会在一定程度上危害人体健康。

水中发现的致病性大肠杆菌可引起不同症状的腹泻；沙门氏菌（属）可致沙门氏菌病，可引起毒血症，感染肝、脾、胆囊等；军团菌可以使肺部受损，也可出现肝、肾、心等其他器官受损，死亡率较高；结核杆菌是人和动物结核病的病原菌；弯曲菌以空肠弯曲菌最为常见，可引起肠炎；钩端螺旋体可通过皮肤微小伤口、眼结膜、鼻和口腔黏膜侵入人体，引起黄疸出血、流感伤寒、肺出血等。

甲型肝炎病毒可引起病毒性肝炎，是典型水传染疾病。脊髓灰质病毒是最常见的一种病毒，严重时可导致小儿麻痹症；柯萨奇病毒可引起胸痛、脑膜炎等疾病；非特异性病毒中，有的可引起呼吸道疾病和急性出血结膜炎，有的可引起无菌性脑膜炎和脑炎等。

水中藻类的大量繁殖使水带有腥臭味。有些蓝绿藻能产生微囊藻毒素，对肝细胞有破坏作用，并能促进肝细胞癌变，是引起肝癌的危险因素之一。

农药类、酚类化合物、芳香烃类化合物中很多有机物具有致癌作用。

消毒剂与消毒副产物也会对人体健康有一定影响。氯气投加量过多会同天然有机物、腐殖质相结合，形成三卤甲烷等氯化消毒副产物，具有致癌、致畸、致突变性。二氧化氯消毒剂会产生亚氯酸盐、氯酸盐副产物，长期饮用含二氧化氯的水可能损害肝、肾和中枢系统的功能；亚氯酸盐属于致癌物，对肝和免疫反应有影响，能够引起肝坏死、肾和心肌营养不良；氯酸盐是中等毒性的化合物，为高铁血红蛋白的生成剂。臭氧消毒可产生某些醛类，如甲醛、乙醛、乙二醛、丙酮醛等，若水中含有 Br^- 则会产生溴酸盐，这些副产物具有（或可能有）致突变性和致癌性。

1.3 水库水质特点

（1）浊度较河流低

水库水体流动迟缓、贮存时间长，经长期自然沉淀后，水中杂质颗粒沉降至水库底部使其浓度不断累积，水库原水浊度较低且水质较稳定。

（2）季节性变化明显

水库原水水质易受季节和地域影响。夏季，雨水会携带氧气、二氧化碳和灰尘、细菌等杂质降落到地面，随着雨水对地表腐殖质的冲刷和溶解作用，地表细菌、微生物及矿物质等污染物被带入水库水中，导致水库水出现短时间突发性高浊、有臭和味、细菌种类可能变化，给净水工艺带来困扰；冬季，我国北方地区水库的水温大多不超过10℃，水质澄清，属于低温低浊水，混凝工艺显得尤为关键。

（3）存在富营养化现象

水库水质污染主要表现在两个方面，即水库底泥污染和水体富营养化污染。

水库底泥污染是指污染物沉积到水库底泥并持续累积的过程中，底泥中的营养元素、重金属与难降解有机物会随着水体环境的变化再次进入水体，造成水库的二次污染。水库底泥污染不仅会危及水库水生生物的生命安全，还会危及陆地生物的生命安全和人类健康。

水体富营养化污染是指水体中藻类由于营养元素增加会大量繁殖，造成水中的溶解氧含量大大减少，使大量水生生物死亡，水质严重恶化。富营养化对水库水质危害较大，富营养化会使水体中藻类和其他水生生物大量繁殖，而在湖泊水库深层处的藻类由于无法进行光合作用而耗氧，进而导致缺氧现象的发生，使深层水体中聚集着的有待分解的有机物进入厌氧分解状态，厌氧菌大量增加，造成水体底部厌氧发酵过程加快，破坏原有生态系统平衡，使湖泊水库水体功能老化。同时，富营养化水体中含有生物神经毒素，且由于藻类大量繁殖，覆盖水面，造成水体缺氧，这些都会导致鱼类等水生生物大量死亡，水体中的贝类富集毒素，被人食用后会出现中毒甚至死亡。

1.4 微污染水库水处理技术

北方以水库水为原水的净水厂大多采用传统的混凝、沉淀、过滤和消毒的常规水处理工艺。这些工艺适用于水温、污染物含量、浊度等指标处于正常范围内的原水。当水库水发生季节性突发变化或微污染时，常规处理工艺的去除效果有限，个别指标不能满足生活饮用水卫生标准要求。为了提高出水水质，应对突发状况，需采用一些改进技术，比如化学预氧化技术、强化常规处理技术、优化消毒技术等。这些技术相互组合、联合使用可保障出水水质达到标准要求。预处理技术能够有效减少原水中藻类、有机物、细菌的含量，降低后续常规处理工艺污染负荷。强化常规处理技术主要包括强化混凝、气浮-沉淀，在不改变原有构筑物和设备的条件下，通过优化工艺运行条件，可以改善常规处理工艺的净水效能，有效降浊降藻、去除水中细菌及微量有机物，提高出水水质的安全性。优化消毒工艺技术包括调整消毒剂种类及用量、采用物理消毒方式代替传统的消毒工艺。

1.4.1 气浮-沉淀技术

沉淀和气浮作为两种传统的水处理工艺一直备受关注。从最早使用的自然沉淀到混凝沉淀，直至现在的平流沉淀池、异向流斜管沉淀池、侧向流斜板沉淀池，沉淀作为一种水处理形式不断发展完善。由于近年来水源水质的严重恶化，传统的沉淀处理很难达到理想的出水水质要求，因此各种强化沉淀的措施相继出现，优化斜板间距、优化沉淀区流态、优化排泥，采用斜管代替斜板、拦截式沉淀等，即便如此，对于某些特殊原水，如低温低浊、高藻水，强化沉淀也难以获得良好的处理效果。

气浮与沉淀是两个相反过程，气浮工艺对低温低浊、高藻类水质原水具有良好的处理效果。目前，气浮也存在许多强化措施，如：优化气浮的接触区和分离区、优化进水和出水各区流态等，此外发展气浮与预氧化结合技术，实现高速气浮与多功能气浮，能够更好地强化气浮处理。气浮工艺对原水水质变化较大或高浊度水处理效果不理想。

气浮-沉淀固液分离工艺是针对气浮和沉淀两种处理工艺各自存在的弊端而提出的一种新工艺，以沉淀为主、气浮为辅，将气浮和沉淀两种工艺有机结合在一个构筑物中。当水体浊度较低或藻类含量较高时，运行气浮工艺；当水体突发高浊或持续高浊时，运行沉淀工艺，有效抵抗水库水质浊度负荷的改变。气浮-沉淀工艺发挥了气浮和沉淀各自的优点，适应性较强。

1.4.2 强化混凝技术

强化混凝是通过投加高效混凝剂，控制一定的 pH 值，从而提高常规混凝法处理中的浊度、天然有机物、细菌的去除效果，可以通过试验结合实际，确定混凝的最佳条件，发挥混凝的最佳效果。强化混凝的措施有以下三种。一是对混凝剂的强化，包括增加混凝剂的投加量和改善无机或有机絮凝药剂性能两方面。憎水性有机物和高分子有机物使用这种方法，处理效果较好。二是对絮凝设备的强化。研制与改进絮凝设备，从水力条件方面增强混凝效果。三是强化絮凝单元。比如优化混凝搅拌强度、优化反应时间、确定最佳絮凝 pH 条件等。

强化混凝不仅可以降低浊度，还可以有效降低有机污染物含量。该工艺水处理成本最低，简单易行，可为中小型水厂提供可靠的水质安全保障。强化混凝是在我国现有的自然经济条件和管理水平下很有发展前途的水处理工艺新技术。

1.4.3 化学预氧化技术

利用化学药剂的氧化作用去破坏水中污染物的结构，达到转化或分解污染物的目的。研究比较多的氧化剂有高锰酸钾、氯气、臭氧等。使用这些药剂，对水中有机物和其他污染物的去除有明显的效果。

氯气是自来水消毒中应用最广泛的氧化消毒剂，在水源水输送过程中或进入常规处理工艺构筑物之前，投加一定量氯气，可以控制因水源污染生成的微生物和藻类在管道内或构筑物中的生长。氯气氧化具有经济、高效、持续时间长、使用方便的优点。但是，当原水中有腐殖质时，氯气会与其反应产生卤代烷和氯化有机物，不易被后续的常规处理工艺去除，导致处理后的水安全性下降。

臭氧是一种强氧化剂，它分解放出的新生态氧的活泼性是氯气的 600 倍。臭氧可以氧化水中二价铁、锰和大多数有机物，迅速杀死细菌和病毒，并向水中充氧使水中溶解氧增加，为后续处理提供了更好的条件。预臭氧化不但可以使得难降解有机物转化为可生化降解有机物，还可以使不溶性有机物转化为可溶性有机物，从而为后续生物处理提供有利条件。但是，在某些水质条件下，臭氧氧化也会生成副产物，其中有机副产物以甲醛为代表，无机副产物以溴酸盐为代表。此外，臭氧的制取成本很高，限制了它的广泛应用。

化学预氧化技术对水中污染物的去除具有较为明显的作用，但是作为饮用水原水这种特殊用途水的处理，各种化学药剂的使用或多或少都会对水的安全性产生一定的影响。因此，化学法有一定的局限性，在实际处理时，需结合实际情况慎重选择。

1.4.4 饮用水消毒技术

饮用水消毒的目标是既充分保证对致病微生物的有效杀灭，又有效降低消毒剂本身和形成的消毒副产物对水质的负面影响。常用的消毒方法主要有氯消毒、二氧化氯消毒、臭氧消毒和紫外线消毒等。

（1）氯消毒

氯消毒技术是我国乃至世界最常用的饮用水消毒技术，最早起源于 1906 年的美国新泽西州。最初氯是作为除臭剂被使用，据记载，大约在 1835 年，氯被建议用来处理沼泽水，使之适口。1902 年，Maurice Duyk 在过滤前使用绿化石灰和高氯酸铁处理供水；1904～1905 年，Alexander Houston 和 McGowan 等用次氯酸钠杀灭伤寒病毒，英国伦敦水厂开始采用连续加氯消毒系统；1908 年，J. L. Leal 和 G. A. Johnson 在芝加哥水厂使用次氯酸钠进行消毒；在 1912～1916 年，Alexander Houston 用过量加氯-脱氯试验对水进行除臭及除味试验；1917 年加拿大渥太华和美国丹佛首次应用氯氨消毒；1940 年，H. A. Brown 对折点加氯进行中试试验；1998 年，AWWA（美国水行业协会）在对美国供水系统的消毒情况的调查中发现，有 83.8% 以地下水为原水的大、中型供水系统采用氯气消毒；1999 年对自来水厂的消毒方法调查显示，中国与美国采用氯消毒的比例分别为 99.5% 和 94.5%。

氯的化学分子式为 Cl_2，密度大于空气，有剧毒，是一种强氧化性物质，能与水体中有机物和无机物发生反应，易溶于水（当在 20℃、98kPa 条件下时，氯溶解度为 7160mg/L），且溶于水时发生"歧化反应"，即其中一个氯原子被氧化生成 ClO^-，另一个氯原子被还原为 Cl^-，方程式为：

$$Cl_2 + H_2O \longrightarrow HClO + H^+ + Cl^- \tag{1-1}$$

$$HClO \longrightarrow H^+ + ClO^- \tag{1-2}$$

氯在水解后会产生次氯酸（HClO）。次氯酸为氯的含氧酸，其中氯元素的化合价为 +1 价，是氯元素的最低价含氧酸，但其氧化性在氯元素的含氧酸中最强。次氯酸为弱电解质，极不稳定，能发生电解反应，部分电离为次氯酸根（ClO^-）和氢离子（H^+）。次氯酸虽不带电，但能与带负电荷的细菌相结合，扩散到细菌的表面，通过改变细菌细胞壁的通透性进入细胞体内，次氯酸在进入细菌细胞体内后，由于其极强的氧化性，使菌体内的蛋白质等物质变性，从而导致细菌死亡。

氯由于运行成本低、占地少和有持续消毒作用等优点，一直以来备受青睐。但是，自 20 世纪 70 年代，有研究学者发现，氯消毒会产生三卤甲烷（THMs）等具有"三致"作用的消毒副产物，对人体健康造成威胁。此外，给水管网的生物稳定性对于氯消毒来说也是一项挑战，多数试验证明，即使出厂水中有足够的余氯，细菌仍然会在管网内繁殖，并且，氯消毒不能完全灭活饮用水中的微生物，尤其是一些体积较大的致病微生物和原生动物对氯有很大的抗性，例如两虫（贾第氏鞭毛虫和隐孢子虫）。

（2）二氧化氯消毒

早在 1900 年就有试验尝试用二氧化氯消毒，1944 年二氧化氯首次在加拿大尼亚加拉瀑布水厂得到大规模应用，目的是控制臭味和酚味。直至 20 世纪 50 年代，二氧化氯在饮用水消毒领域才逐渐得到应用。1970 年，美国有数百家水厂在消毒工艺中增加了二氧化氯消毒。我国自 90 年代以来也开始在一些中小型水厂应用二氧化氯对饮用水进行消毒。近几年，国内许多城市的水厂开始试行以二氧化氯或二氧化氯-液氯组合消毒。

二氧化氯为中性分子，由于其在水中的状态几乎 100% 以分子形式存在，所以极易穿透细胞膜，二氧化氯渗入细菌细胞后，氧化细菌核酸（DNA 或 RNA），从而阻止细菌的合成代谢，造成细菌死亡。其反应方程为：

$$ClO_2 + e^- \longrightarrow ClO_2^- \tag{1-3}$$

$$ClO_2 + 2H_2O + 4e^- \longrightarrow Cl^- + 4OH^- \tag{1-4}$$

二氧化氯（ClO_2）化学性质较活跃，具有较强的杀灭病原体的能力，使用时不易水解，不与氨氮发生反应，在 pH 值为 $6\sim10$ 范围内，杀菌效果几乎不受 pH 值影响，并且能够有效去除水中的铁、锰、臭味、色度、藻类、酚类及硫化物等。二氧化氯性质不稳定，易发生爆炸，不易储存和运输，故二氧化氯一般采用现场发生制取、现场投加，二氧化氯有效浓度越高，所需制作成本越大。在净水过程中，二氧化氯儿乎不产生 THMs 等氯气消毒有机副产物（因为二氧化氯只起氧化作用，不起氯化作用），但是，二氧化氯消毒会产生像亚氯酸盐、氯酸盐等具有氧化性的最终产物。目前，亚氯酸盐被国际癌症研究所确定为致癌物类，毒理学影响较大；氯酸盐为中等毒性的化合物，长期食用会造成肾功能衰竭。

（3）臭氧消毒

臭氧最初是在 1783 年由荷兰物理学家 VanMaram 发现，并在 1840 年由瑞士化学家 Schubein 命名，19 世纪末德国、荷兰和法国开始使用臭氧对饮用水进行消毒。1891年，在 Frlich 安装的半生产性装置中发现了臭氧能有效地杀灭伤寒杆菌和霍乱菌；1896年，在德国 Wiesbaden 和 Paderborn 建造了全规模的处理装置。在 $1898\sim1904$ 年，法国建造了 BonVoyage 水厂，采用臭氧对饮用水进行连续消毒，这被认为是水厂采用臭氧消毒技术处理饮用水的开始。$1900\sim1905$ 年，美国在费城建造了首座臭氧水处理厂，随后德国（$1902\sim1903$ 年）、俄国（$1905\sim1906$ 年）也建造了具有生产规模的臭氧水处理厂。1933 年，英国建造了日处理量为 $40000\sim57000m^3/d$ 的臭氧装置。我国曾使用过臭氧发生器对少量饮用水进行处理，并于 1964 年开始研究臭氧发生器，1969 年投入使用。从 20 世纪 80 年代起，北京、上海等城市开始逐步建造臭氧处理厂。

臭氧的分子式为 O_3，在常温下，它是一种有特殊臭味的淡蓝色气体。臭氧和二氧化氯一样具有不稳定性，需现场制备才能使用，臭氧分解时会放出新生态氧，其反应式为：

$$O_3 \longrightarrow O_2 + [O] \tag{1-5}$$

臭氧是一种强氧化剂，且它的氧化能力是氯气的 2 倍，杀菌能力是氯气的数百倍。臭氧灭菌主要有以下 3 种形式：①臭氧通过氧化分解细菌内的酶，使细菌灭活；②臭氧通过破坏细菌、病毒的 DNA、RNA 和细胞器，使细菌的新陈代谢受到破坏，导致细菌死亡；③臭氧通过细胞膜组织进入细胞内，作用于外膜的脂蛋白和内部的脂多糖，使细菌发生通透性畸变而溶解死亡。

臭氧由于其杀菌彻底、无残留和广谱（可杀灭细菌繁殖体和芽孢、病毒、真菌等，并可破坏肉毒杆菌毒素）等优点在发达国家得到应用。臭氧不稳定，很难在水中保持一定的浓度，且臭氧发生器和设备运行费用高。此外，臭氧会氧化水中的溴离子产生溴酸盐等潜在性致癌物。

（4）紫外线消毒

1877 年，Downes 和 Blunt 报道太阳光辐射具有杀灭细菌的特性，从此揭开了人们对紫外线消毒研究和应用的序幕。1901 年，人们开始利用汞灯来制造人造紫外线光源；1909～1910 年间，由 Henri、Helhronner 和 Recklinghausen 等设计的紫外线消毒设备于法国马赛市（Marseilles）马赛水厂试验成功，紫外线消毒系统第一次被用于城市给水处理的生产实践中。1911 年，法国鲁昂市（Rouen）一个采用地下水为水源的水厂也采用了紫外线消毒系统。1916 年，美国于肯塔基州建设了第一个紫外线消毒系统，用于处理 12000 位居民的生活用水，在随后的几年内，俄亥俄州伯里亚市、堪萨斯州霍顿市等地也陆续采用了紫外线消毒技术。1999 年成立国际紫外线协会（IUVA）。

欧美很多国家自 20 世纪 90 年代起逐渐修改了环境立法，推荐对饮用水、污水的消毒采用紫外线消毒技术。紫外线消毒是一种物理消毒方式，其主要优点有：①杀菌效率高，且具有广谱杀菌能力，可以对细菌、病毒、原生动物和其他致病微生物造成永久的杀灭；②消毒过程中无需添加任何化学物质，不产生任何消毒副产物，无二次污染；③不腐蚀设备与环境，不产生臭气和味觉上的不适；④成本低，占地面积小，不需要接触池等，无运输、储存、处理等安全问题的发生。紫外线消毒技术虽然有着其他化学消毒无法比拟的优点，但也存在一定的缺点：①无持久杀菌能力；②易受水质条件影响；③灯管寿命短，设备需定期维护与清洗；④被杀灭的某些细菌会发生复活现象。

紫外线杀菌技术已发展为一种安全可靠、高效环保的消毒技术，在国内外各个领域得到了广泛的运用，成为氯消毒取代技术之一。Clancy 等通过实验证明，紫外线能够有效地灭活隐孢子虫，且在低压汞灯和中压汞灯的辐射剂量为 30 J/m² 时，隐孢子虫灭活率达到 99.9％以上。由于紫外线消毒技术在环保及保障人体健康方面有非常突出的优点，北美及欧洲很多国家都将紫外线消毒作为用水终端（POU）、用户进水端（POE）及一些小型给水系统的首选方法。

与国外相比，在饮用水消毒方面，我国紫外线消毒技术应用范围不够广泛，其中主要的因素是国内外水质情况的差异，研究者们应结合我国水质特性展开对紫外线消毒的研究，这对于提供优质饮用水水质、保障人们身体健康及推动社会经济发展具有重要意义。

1.5 生活饮用水水质标准

1.5.1 我国生活饮用水水质标准

我国生活饮用水的水质标准是随着科学技术进步和社会发展而逐步修订的。

1956 年我国颁布了第一部《饮用水水质标准》，有 15 项指标。

1985 年我国颁布了修订的《生活饮用水卫生标准》（GB 5749—1985），有 35 项指标。

2001 年，卫生部颁布了《生活饮用水卫生规范》，规定了生活饮用水及其水源水水质卫生要求。规范中将水质指标分为常规检验项目和非常规检验项目两类。生活饮用水的常规检验项目有 34 项。

2005 年，建设部发布了行业标准《城市供水水质标准》（CJ/T 206—2005），该标准共有 103 项控制指标，其中常规检验项目有 42 项，非常规检验项目有 61 项。对于水源水质和水质检验频率都有相应的规定。

2007 年 7 月 1 日，由国家标准委和卫生部联合发布了《生活饮用水卫生标准》（GB 5749—2006）强制性国家标准，该标准共有 106 项控制指标，同时正式实施 13 项生活饮用水卫生检验国家标准。标准中规定生活饮用水水质常规检验项目 42 项（见表 1-1、表 1-2）；非常规指标 64 项（见表 1-3）。

表 1-1 水质常规检验项目及限值

项目		限值
微生物指标	菌落总数/(CFU/mL)①	100
	总大肠菌群	每 100mL 水样中不得检出
	耐热大肠菌群	每 100mL 水样中不得检出
	大肠埃希氏菌	每 100mL 水样中不得检出
毒理学指标	砷/(mg/L)	0.01
	镉/(mg/L)	0.005
	铬（六价）/(mg/L)	0.05
	氰化物/(mg/L)	0.05
	氟化物/(mg/L)	1.0
	铅/(mg/L)	0.01
	汞/(mg/L)	0.001
	硝酸盐（以 N 计)/(mg/L)	10，地下水源限制时为 20
	硒/(mg/L)	0.01
	四氯化碳/(mg/L)	0.002
	氯仿/(mg/L)	0.06
	溴酸盐/(mg/L)	0.01
	甲醛/(mg/L)	0.9
	亚氯酸盐/(mg/L)	0.7
	氯酸盐/(mg/L)	0.7
感官性状和一般化学指标	色度（铂钴色度单位）	色度不超过 15，并不得呈现其他异色
	浑浊度/NTU②	不超过 1，特殊情况下不超过 3

项目		限值
感官性状和一般化学指标	臭和味	不得有异臭、异味
	肉眼可见物	不得含有
	pH 值	6.5～8.5
	总硬度（以 CaCO₃ 计）/(mg/L)	450
	铝/(mg/L)	0.2
	铁/(mg/L)	0.3
	锰/(mg/L)	0.1
	铜/(mg/L)	1.0
	锌/(mg/L)	1.0
	挥发酚类（以苯酚计）/(mg/L)	0.002
	阴离子合成洗涤剂/(mg/L)	0.3
	硫酸盐/(mg/L)	250
	氯化物/(mg/L)	250
	溶解性总固体/(mg/L)	1000
	耗氧量（以 O₂ 计）/(mg/L)	3，特殊情况③下不超过 5
放射性指标④	总 α 放射性/(Bq/L)	0.5
	总 β 放射性/(Bq/L)	1

① CFU 为菌落形成单位。当水样检测出总大肠菌群时，应进一步检验大肠埃希氏菌和耐热大肠菌群；水样中未检出总大肠菌群，不必检验大肠埃希氏菌和耐热大肠菌群。

② 表中 NTU 为散射浊度单位。

③ 特殊情况包括水源限制等情况。

④ 放射性指标规定数值不是限值，而是参考水平。放射性指标超过表中所规定的数值时，必须进行核素分析和评价，以决定能否饮用。

表 1-2 饮用水中消毒剂常规指标及要求

消毒剂名称	与水接触时间/min	出厂水中限值/(mg/L)	出厂水中余量/(mg/L)	管网末梢水中余量/(mg/L)
氯气及游离氯制剂（游离氯）	≥30	4	≥0.3	≥0.05
一氯胺（总氯）	≥120	3	≥0.5	≥0.05
臭氧（O₃）	≥12	0.3	—	≥0.02 如加氯，总氯≥0.05
二氧化氯（ClO₂）	≥30	0.8	≥0.1	≥0.02

表 1-3 水质非常规指标及限值

指标	限值
1. 微生物指标	
贾第鞭毛虫/(个/10L)	<1
隐孢子虫/(个/10L)	<1
2. 毒理指标	
锑/(mg/L)	0.005
钡/(mg/L)	0.7
铍/(mg/L)	0.002
硼/(mg/L)	0.5
钼/(mg/L)	0.07
镍/(mg/L)	0.02
银/(mg/L)	0.05
铊/(mg/L)	0.0001
氯化氰（以 CN⁻ 计）/(mg/L)	0.07
一氯二溴甲烷/(mg/L)	0.1
二氯一溴甲烷/(mg/L)	0.06
二氯乙酸/(mg/L)	0.05
1,2-二氯乙烷/(mg/L)	0.03
二氯甲烷/(mg/L)	0.02
三卤甲烷（三氯甲烷、一氯二溴甲烷、二氯一溴甲烷、三溴甲烷的总和）	该类化合物中各种化合物的实测浓度与其各自限值的比值之和不超过 1
1,1,1-三氯乙烷/(mg/L)	2
三氯乙酸/(mg/L)	0.1
三氯乙醛/(mg/L)	0.01
2,4,6-三氯酚/(mg/L)	0.2
三溴甲烷/(mg/L)	0.1
七氯/(mg/L)	0.0004
马拉硫磷/(mg/L)	0.25
五氯酚/(mg/L)	0.009
六六六（总量）/(mg/L)	0.005
六氯苯/(mg/L)	0.001
乐果/(mg/L)	0.08
对硫磷/(mg/L)	0.003

指标	限值
灭草松/(mg/L)	0.3
甲基对硫磷/(mg/L)	0.02
百菌清/(mg/L)	0.01
呋喃丹/(mg/L)	0.007
林丹/(mg/L)	0.002
毒死蜱/(mg/L)	0.03
草甘膦/(mg/L)	0.7
敌敌畏/(mg/L)	0.001
莠去津/(mg/L)	0.002
溴氰菊酯/(mg/L)	0.02
2,4-滴/(mg/L)	0.03
DDT/(mg/L)	0.001
乙苯/(mg/L)	0.3
二甲苯/(mg/L)	0.5
1,1-二氯乙烯/(mg/L)	0.03
1,2-二氯乙烯/(mg/L)	0.05
1,2-二氯苯/(mg/L)	1
1,4-二氯苯/(mg/L)	0.3
三氯乙烯/(mg/L)	0.07
三氯苯（总量）/(mg/L)	0.02
六氯丁二烯/(mg/L)	0.0006
丙烯酰胺/(mg/L)	0.0005
四氯乙烯/(mg/L)	0.04
甲苯/(mg/L)	0.7
邻苯二甲酸二（2-乙基己基）酯/(mg/L)	0.008
环氧氯丙烷/(mg/L)	0.0004
苯/(mg/L)	0.01
苯乙烯/(mg/L)	0.02
苯并［α］芘/(mg/L)	0.00001
氯乙烯/(mg/L)	0.005
氯苯/(mg/L)	0.3
微囊藻毒素-LR/(mg/L)	0.001

指标	限值
3. 感官性状和一般化学指标	
氨氮（以 N 计）/（mg/L）	0.5
硫化物/（mg/L）	0.02
钠/（mg/L）	200

1.5.2 浙江省优质水标准

2018 年浙江省首次发布《浙江省城市供水现代化水厂评价标准》，其中提出浙江省优质水标准（见表 1-4）。其中有 12 项指标高于国家标准限值。

表 1-4 浙江省优质水标准

序号	检测项目	单位	限值	备注
1	色度（铂钴标准）	度	≤5	不得有异色
2	臭和味	级	无	强度等级 0~1
3	浑浊度	NTU	≤0.1	
4	铁	mg/L	≤0.2	
5	锰	mg/L	≤0.05	
6	pH 值		7.0~8.5	
7	耗氧量（COD_{Mn} 法，以 O_2 计）	mg/L	≤2.0	水源的水限制时，原水耗氧量＞6.0 时，限值为＜3.0
8	菌落总数	CFU/mL	≤30	
9	三氯甲烷	mg/L	≤0.030	
10	三卤甲烷	mg/L	≤0.080	或各单项比之和值＜0.8
11	总有机碳	mg/L	≤4.0	
12	亚硝酸盐（以 N 计）	mg/L	≤0.1	

注：其余检测项目与《生活饮用水卫生标准》（GB 5749—2006）相同。

1.5.3 上海市生活饮用水水质标准

2017 年 11 月 23 日，上海市第十四届人民代表大会常务委员会第四十一次会议，通过了《上海市水资源管理若干规定》，明确提出："本市应当推进自来水水厂实施深度净化处理工艺，保障公共供水水质优于国家标准的要求"。2018 年 10 月 1 日，上海市《生活饮用水水质标准》（DB31/T 1091—2018）实施，对上海市净水工艺改造、管理水平提升和供水水质提高具有推动作用。

上海市《生活饮用水水质标准》共111项，常规指标49项，非常规指标62项，较《生活饮用水卫生标准》（GB 5749—2006）的106项增加了5项，修订限值40项，其中：常规指标新增7项，常规指标提标17项；非常规指标新增4项，非常规指标提标23项；新增水质参考指标3项。增加在线监测点和二次供水采样点布点要求，增加了二次供水水质检验指标、检验频率，增加了管网末梢水和二次供水合格率考核要求。

上海市常规指标新增7项（见表1-5），其中6项原为国标非常规指标，1项原为国标附录A指标。

表1-5 上海市常规指标新增（7项）

指标	限值	备注
锑/(mg/L)	0.005	国际非常规指标
亚硝酸盐氮/(mg/L)	0.15	国际非常规指标
一氯二溴甲烷/(mg/L)	0.1	国际非常规指标
二氯一溴甲烷/(mg/L)	0.06	国际非常规指标
三溴甲烷/(mg/L)	0.1	国际非常规指标
三卤甲烷（总量）/(mg/L)	该类化合物中各种化合物的实测浓度与其各自限值的比值之和不超过0.5	国际非常规指标
氨氮（以N计）/(mg/L)	0.5	国际非常规指标

上海市水质常规指标提标17项，其中参照国外标准6项（见表1-6）、参照国内标准2项（见表1-7）、控制消毒副产物3项（见表1-8）、改善水质6项（见表1-9）。

表1-6 上海市水质常规指标提标（参照国外标准6项）

指标	限值	国标	提供依据
镉/(mg/L)	0.003	0.005	WHO、日本
亚硝酸盐氮/(mg/L)	0.15	1	欧盟
铁/(mg/L)	0.2	0.3	欧盟
锰/(mg/L)	0.05	0.1	美国、欧盟、日本
溶解性总固体/(mg/L)	500	1000	美国、日本
总硬度/(mg/L)	250	450	与溶解性总固体同步下调

表1-7 上海市水质常规指标提标（参照国内标准2项）

指标	限值	国标	提供依据
汞/(mg/L)	0.0001	0.001	《地表水环境质量标准》（GB 3838—2002）
阴离子合成洗涤剂/(mg/L)	0.2	0.3	《地表水环境质量标准》（GB 3838—2002）

表 1-8 上海市水质常规指标提标（控制消毒副产物 3 项）

指标	限值	国标	提供依据
三卤甲烷（总量）/(mg/L)	该类化合物中各种化合物的实测浓度与其各自限值的比值之和不超过 0.5	1	三卤甲烷有潜在致癌风险，WHO 建议饮用水中三卤甲烷在可行的情况下尽可能保持低水平，因此三卤甲烷（总量）限值减半
溴酸盐/(mg/L)	0.005	0.01	国际癌症研究中心（LARC）将溴酸盐列为对人可能致癌的物质，将甲醛确定为I类致癌物
甲醛/(mg/L)	0.45	0.9	

表 1-9 上海市水质常规指标提标（改善水质 6 项）

指标	限值	国标	提供依据
菌落总数/(CFU/mL)	50	100	提高生物安全
色度（铂钴色度单位）	10	15	改善感官性能
浑浊度（散射浑浊度单位）/NTU	0.5	1	改善感官性能
耗氧量（COD_{Mn}法，以 O_2 计）/(mg/L)	2，水源限制，原水耗氧量＞4mg/L 时为 3	3，原水耗氧量＞6mg/L 时为 5	降低有机物含量
总氯/(mg/L)	与水接触至少 120min 后，出厂水中余量大于等于 0.5，限值 2；管网末梢水中余量大于等于 0.05	限值 3	改善口感
游离氯/(mg/L)	与水接触至少 30min 后，出厂水中余量大于等于 0.5，限值 2；管网末梢水中余量大于等于 0.05	限值 4	改善口感

水质非常规指标新增 4 项（见表 1-10），其中 3 项为原国标附录 A，1 项新增。

表 1-10 上海市水质非常规指标新增（4 项）

指标	限值	备注
2-甲基异莰醇/(mg/L)	0.00001	国际附录 A 项目
土臭素/(mg/L)	0.00001	国际附录 A 项目
N-二甲基亚硝胺（NDMA）/(mg/L)	0.0001	新增
总有机碳（TOC）/(mg/L)	3	国际附录 A 项目

水质非常规指标提标 23 项，其中参照国外标准 18 项（见表 1-11），控制消毒副产物 5 项（见表 1-12）。

表 1-11　上海市水质非常规指标提标（参照国外标准 18 项）

指标	限值	国标	提供依据
1,2-二氯乙烷/(mg/L)	0.003	0.03	欧盟
二氯甲烷/(mg/L)	0.005	0.02	美国
1,1,1-三氯乙烷/(mg/L)	0.2	2	美国
五氯酚/(mg/L)	0.001	0.009	美国
乐果/(mg/L)	0.006	0.08	WHO
林丹/(mg/L)	0.0002	0.002	美国
1,1-二氯乙烯/(mg/L)	0.007	0.03	美国
1,2-二氯苯/(mg/L)	0.6	1	美国
1,4-二氯苯/(mg/L)	0.075	0.3	美国
三氯乙烯/(mg/L)	0.005	0.07	美国
丙烯酰胺/(mg/L)	0.0001	0.0005	欧盟
四氯乙烯/(mg/L)	0.005	0.04	美国
邻苯二甲酸二（2-乙基己基）酯/(mg/L)	0.006	0.008	美国
环氧氯丙烷/(mg/L)	0.0001	0.0004	欧盟
苯/(mg/L)	0.001	0.01	欧盟
氯乙烯/(mg/L)	0.0003	0.005	WHO
氯苯/(mg/L)	0.1	0.3	美国
总有机碳/(mg/L)	3	5	日本

表 1-12　上海市水质非常规指标提标（控制消毒副产物 5 项）

指标	限值	国标	提供依据
氯化氰/(mg/L)	0.035	0.07	在体内代谢形成氢氰酸，对人体有刺激作用，对健康有危害
二氯乙酸/(mg/L)	0.025	0.05	具有强烈的角质剥脱作用，易引起皮肤和眼损害
三氯乙酸/(mg/L)	0.05	0.1	有强烈的刺激作用，世界卫生组织将其列为 2B 类致癌物
三氯乙醛/(mg/L)	0.005	0.01	有强烈的刺激作用，易引起麻醉作用
2,4,6-三氯酚/(mg/L)	0.1	0.2	对眼睛和皮肤有刺激作用，对水生生物极毒，可能导致对水生环境的长期不良影响

水质参考指标新增 3 项（见表 1-13）。

表 1-13 上海市水质参考指标新增（3 项）

指标	限值	备注
乙酰甲胺磷/(mg/L)	0.001	现有国内外标准中乙酰甲胺磷无限值规定，由于其主要代谢产物为甲胺磷，因此将限值暂定为 0.001mg/L
异丙隆/(mg/L)	0.009	检测了上海用量较大的十种农药，其中三环唑原水、出厂水均有明显检出，原水约为几百纳克每升，深度处理水厂去除效果较好。异丙隆、乙草胺、丙草胺原水有少量检出，约为几十纳克每升，出厂水均小于 1 纳克每升。根据《农药安全使用手册》（上海市农业技术推广服务中心编著），三环唑、异丙隆、乙草胺无慢性毒性，丙草胺动物试验有微毒。异丙隆 WHO 中限值为 0.009mg/L，三环唑、乙草胺、丙草胺在国内外标准中均无限值。因此将异丙隆增加在附录中
异养菌平板计数（HPC）/(CFU/mL)	500	异养菌平板计数法比国标细菌总数方法更加灵敏，是一种适合饮用水环境的细菌培养计数方法。适用于评价饮用水中细菌数量和优化消毒工艺。本限值主要参照美国 EPA 国家饮用水水质标准

1.5.4 深圳市生活饮用水水质标准

2020 年 5 月 1 日深圳市《生活饮用水水质标准》（DB4403/T 60—2020）正式实施。该标准对标世界卫生组织（WHO）、欧盟、美国、日本等先进饮用水水质标准，旨在促进水质感官愉悦性上的提高，提升了浑浊度、氯、铁、锰等指标；促进水质在健康安全性上的提高，重点关注了消毒副产物、农药等指标，并对水质管控提出要求，确保饮水安全。该标准包含水质指标 116 项，其中常规指标 52 项，非常规指标 64 项。

深圳市《生活饮用水水质标准》与国际标准相比，116 项指标有 84 项对标国际最严标准或严于国际标准；有 26 项未对标国际最严标准；有 6 项国际标准无此指标（见表 1-14）。

表 1-14 深圳市《生活饮用水水质标准》与国际标准相比

序号	类别	深圳市《生活饮用水水质标准》	WHO《饮用水水质标准》（第四版）	美国 EPA 标准（2012）	欧盟饮用水水质指令（98/83/EC）
1	物理指标	6	0	5	5
2	微生物	6	2	7	5
3	一般化学	18	11	8	10
4	无机物	24	5	19	15
5	有机物	47	64	49	10
6	放射性	2	2	4	2
7	消毒剂及消毒副产物	13	11	10	1
8	总计	116	95	102	48

深圳市《生活饮用水水质标准》与国家《生活饮用水卫生标准》（GB 5749—2006）相比，增加了 10 项指标，提升了 52 项指标（含消毒剂）（见表 1-15）；附录由原来的 28 项增加到 45 项；考核方法上提升了出厂水和管网水合格率要求，增加了臭味物质和消毒副产物的检测，重点关注龙头水水质。

表 1-15　深圳市《生活饮用水水质标准》与国家《生活饮用水卫生标准》相比

序号	类别	主要内容
1	新增 10 项指标	常规项目新增：气味、总有机碳、亚硝酸盐； 非常规项目新增：碘化物、2-甲基异莰醇、土臭素、乙草胺、高氯酸盐、亚硝胺、敌百虫
2	提升 52 项指标	菌落总数、色度、浑浊度、氯化物、总硬度、铁、锰、溶解性总固体、阴离子合成洗涤剂、高锰酸盐指数、镉、氟化物、氰化物、汞、二氯甲烷、1,2-二氯乙烷、1,1,1-三氯乙烷、1,1-二氯乙烯、三氯乙烯、四氯乙烯、氯乙烯、苯、甲苯、二甲苯、氯苯、1,2-二氯苯（邻二氯苯）、1,4-二氯苯（对二氯苯）、毒死蜱、乐果、马拉硫磷、林丹、五氯酚、灭草松、呋喃丹、2,4,6-三氯酚、二氯一溴甲烷、一氯二溴甲烷、三溴甲烷、二氯乙酸、三氯乙酸、氯酸盐、亚氯酸盐、甲醛、溴酸盐、氯化氰、邻苯二甲酸二（2-乙基己基）酯、环氧氯丙烷、丙烯酰胺
		增加管网水和管网末梢水总氯、游离氯、二氧化氯最高限值要求
3	其他	7 个非常规指标提升到常规指标：三卤甲烷（三氯甲烷、一氯二溴甲烷、二氯一溴甲烷、三溴甲烷的总和）、一氯二溴甲烷、二氯一溴甲烷、三溴甲烷、二氯乙酸、三氯乙酸、氨氮

深圳市与上海市《生活饮用水水质标准》相比，增加了 5 项指标，提升了 23 项指标（含消毒剂）（见表 1-16）；附录增加了 18 项指标，考核方法上提升了出厂水和管网水合格率要求，增加了臭味物质检测，重点关注龙头水水质。

表 1-16　深圳市《生活饮用水水质标准》与上海市《生活饮用水水质标准》相比

序号	类别	主要内容
1	新增 5 项指标	气味、碘化物、乙草胺、高氯酸盐、敌百虫
2	提升 23 项指标	氯化物、镉、氟化物、氰化物、甲苯、二甲苯、毒死蜱、马拉硫磷、灭草松、呋喃丹、亚硝酸盐（以 N 计）、二氯一溴甲烷、一氯二溴甲烷、三溴甲烷、三氯乙酸、氯酸盐、亚氯酸盐、甲醛、氯化氰
		增加管网水和管网末梢水总氯、游离氯、二氧化氯最高限值要求。臭氧如加氯的情况下，增加了出厂水和管网水总氯的最高值
3	低于上海指标	三卤甲烷、三氯乙醛

深圳市生活饮用水标准中常规指标 52 项见表 1-17，消毒剂常规指标见表 1-18，水质非常规指标见表 1-19，特定情况下需检验生活饮用水水质参考指标见表 1-20。

表 1-17 深圳市水质常规指标及限值

序号	指标	限值
一、微生物指标		
1	菌落总数/(MPN/mL 或 CFU/mL)	50
2	总大肠菌群/(MPN/100mL 或 CFU/100mL)	不得检出
3	大肠埃希氏菌/(MPN/100mL 或 CFU/100mL)	不得检出
4	耐热大肠菌群/(MPN/100mL 或 CFU/100mL)	不得检出
二、毒理指标		
5	砷/(mg/L)	0.01
6	镉/(mg/L)	0.003
7	铬（六价）/(mg/L)	0.05
8	铅/(mg/L)	0.01
9	汞/(mg/L)	0.0001
10	硒/(mg/L)	0.01
11	氰化物/(mg/L)	0.01
12	氟化物/(mg/L)	0.8
13	硝酸盐（以 N 计）/(mg/L)	10
14	亚硝酸盐（以 N 计）/(mg/L)	0.1
15	溴酸盐（使用臭氧时测定）/(mg/L)	0.005
16	亚氯酸盐（使用氯气或二氧化氯时测定）/(mg/L)	0.6
17	氯酸盐（使用次氯酸钠或复合二氧化氯时测定）/(mg/L)	0.6
18	甲醛（使用臭氧时测定）/(mg/L)	0.08
19	三卤甲烷（三氯甲烷、一氯二溴甲烷、二氯一溴甲烷、三溴甲烷的总和）	该类化合物中各种化合物的实测浓度与其各自限值的比值之和不超过 1
20	三氯甲烷/(mg/L)	0.06
21	四氯化碳/(mg/L)	0.002
22	一氯二溴甲烷/(mg/L)	0.06
23	二氯一溴甲烷/(mg/L)	0.03
24	三溴甲烷/(mg/L)	0.08
25	二氯乙酸/(mg/L)	0.025
26	三氯乙酸/(mg/L)	0.03
三、感官性状和一般化学指标		
27	色度（铂钴色度单位）	10

序号	指标	限值
28	浑浊度（散射浑浊度单位）/(NTU)	0.5
29	臭和味	无异臭、异味
30	气味/(TON)	3
31	肉眼可见物	无
32	pH 值	6.5～8.5
33	铝/(mg/L)	0.2
34	铁/(mg/L)	0.2
35	锰/(mg/L)	0.05
36	铜/(mg/L)	1.0
37	锌/(mg/L)	1.0
38	氯化物/(mg/L)	200
39	硫酸盐/(mg/L)	250
40	溶解性总固体/(mg/L)	500
41	总硬度（以 $CaCO_3$ 计）/(mg/L)	250
42	高锰酸盐指数（以 O_2 计）/(mg/L)	2
43	挥发酚类（以苯酚计）/(mg/L)	0.002
44	阴离子合成洗涤剂/(mg/L)	0.2
45	总有机碳（TOC）/(mg/L)	3
46	氨氮（以 N 计）/(mg/L)	0.5
四、放射性指标		指导值
47	总 α 放射性/(Bq/L)	0.5
48	总 β 放射性/(Bq/L)	1

注：1. MPN 表示最可能数；CFU 表示菌落形成单位。当水样检出总大肠菌群时，应进一步检验耐热大肠菌群或大肠埃希氏菌；水样未检出总大肠菌群时，不必检验耐热大肠菌群或大肠埃希氏菌。

　　2. 放射性指标超过指导值，应进行核素分析和评价，判断能否饮用。

表 1-18　深圳市消毒剂常规指标及要求

序号	消毒剂名称	出厂水中限值/(mg/L)	出厂水中余量/(mg/L)	管网和管网末梢水中限值/(mg/L)	管网和管网末梢水中余量/(mg/L)
1	总氯	≤2	≥0.5	≤2	≥0.05
2	游离氯（采用氯气及游离氯制剂时测定）	≤2	≥0.3	≤2	≥0.05

序号	消毒剂名称	出厂水中限值/(mg/L)	出厂水中余量/(mg/L)	管网和管网末梢水中限值/(mg/L)	管网和管网末梢水中余量/(mg/L)
3	二氧化氯（使用二氧化氯时测定）	≤0.8	≥0.1	≤0.8	≥0.02
4	臭氧（使用臭氧时测定）	≤0.3	—	—	≥0.02

表 1-19 深圳市水质非常规指标及限值

序号	指标	限值
一、微生物指标		
1	贾第鞭毛虫/(个/10L)	<1
2	隐孢子虫/(个/10L)	<1
二、毒理指标		
3	锑/(mg/L)	0.005
4	钡/(mg/L)	0.7
5	铍/(mg/L)	0.002
6	硼/(mg/L)	0.5
7	钼/(mg/L)	0.07
8	镍/(mg/L)	0.02
9	银/(mg/L)	0.05
10	铊/(mg/L)	0.0001
11	1,2-二氯乙烷/(mg/L)	0.003
12	二氯甲烷/(mg/L)	0.005
13	1,1,1-三氯乙烷/(mg/L)	0.2
14	三氯乙醛/(mg/L)	0.01
15	2,4,6-三氯酚/(mg/L)	0.1
16	七氯/(mg/L)	0.0004
17	马拉硫磷/(mg/L)	0.05
18	五氯酚/(mg/L)	0.001
19	六六六（总量）/(mg/L)	0.005
20	六氯苯/(mg/L)	0.001
21	乐果/(mg/L)	0.006
22	对硫磷/(mg/L)	0.003

续表

序号	指标	限值
23	灭草松/(mg/L)	0.2
24	甲基对硫磷/(mg/L)	0.02
25	百菌清/(mg/L)	0.01
26	呋喃丹/(mg/L)	0.005
27	林丹/(mg/L)	0.0002
28	毒死蜱/(mg/L)	0.003
29	草甘膦/(mg/L)	0.7
30	敌敌畏/(mg/L)	0.001
31	莠去津/(mg/L)	0.002
32	溴氰菊酯/(mg/L)	0.02
33	2,4-滴/(mg/L)	0.03
34	DDT/(mg/L)	0.001
35	乙苯/(mg/L)	0.3
36	二甲苯（总量）/(mg/L)	0.4
37	1,1-二氯乙烯/(mg/L)	0.007
38	1,2-二氯乙烯/(mg/L)	0.05
39	1,2-二氯苯/(mg/L)	0.6
40	1,4-二氯苯/(mg/L)	0.075
41	三氯乙烯/(mg/L)	0.005
42	三氯苯（总量）/(mg/L)	0.02
43	六氯丁二烯/(mg/L)	0.0006
44	丙烯酰胺/(mg/L)	0.0001
45	四氯乙烯/(mg/L)	0.005
46	甲苯/(mg/L)	0.4
47	邻苯二甲酸二（2-乙基己基）酯/(mg/L)	0.006
48	环氧氯丙烷/(mg/L)	0.0001
49	苯/(mg/L)	0.001
50	苯乙烯/(mg/L)	0.02
51	苯并[α]芘/(mg/L)	0.00001
52	氯乙烯/(mg/L)	0.0003
53	氯苯/(mg/L)	0.1
54	微囊藻毒素-LR/(mg/L)	0.001

续表

序号	指标	限值
55	碘化物/(mg/L)	0.1
56	氯化氰（以 CN 计）/(mg/L)	0.01
57	敌百虫/(mg/L)	0.005
58	乙草胺/(mg/L)	0.0003
59	高氯酸盐/(mg/L)	0.07
60	亚硝基二甲胺/(mg/L)	0.0001
三、感官性状和一般化学指标		
61	钠/(mg/L)	200
62	硫化物/(mg/L)	0.02
63	2-甲基异莰醇/(mg/L)	0.00001
64	土臭素/(mg/L)	0.00001

表 1-20　深圳市生活饮用水水质参考指标及限值

序号	指标	限值
1	肠球菌/(CFU/100mL 或 MPN/100mL)	不得检出
2	产气荚膜梭状芽孢杆菌/(CFU/100mL 或 MPN/100mL)	不得检出
3	二（2-乙基己基）己二酸酯/(mg/L)	0.4
4	1,2-二溴乙烷/(mg/L)	0.00005
5	二噁英（2,3,7,8-TCDD）/(mg/L)	0.00000003
6	甲基硫菌灵/(mg/L)	0.3
7	稻瘟灵/(mg/L)	0.3
8	氟乐灵/(mg/L)	0.02
9	甲霜灵类/(mg/L)	0.05
10	西草净/(mg/L)	0.03
11	乙酰甲胺磷/(mg/L)	0.001
12	二甲基二硫醚/(mg/L)	0.00003
13	二甲基三硫醚/(mg/L)	0.00003
14	全氟辛酸/(mg/L)	0.00013
15	全氟辛烷磺酸/(mg/L)	0.00004
16	碘乙酸/(mg/L)	0.02
17	五氯丙烷/(mg/L)	0.03
18	双酚 A/(mg/L)	0.01

续表

序号	指标	限值
19	丙烯腈/(mg/L)	0.1
20	丙烯酸/(mg/L)	0.5
21	丙烯醛/(mg/L)	0.01
22	四乙基铅/(mg/L)	0.0001
23	戊二醛/(mg/L)	0.07
24	石油类（总量）/(mg/L)	0.05
25	石棉（>10μm）/(万个/L)	700
26	多环芳烃（总量）[①]/(mg/L)	0.002
27	多氯联苯（总量）/(mg/L)	0.0005
28	邻苯二甲酸二乙酯/(mg/L)	0.3
29	邻苯二甲酸二丁酯/(mg/L)	0.003
30	环烷酸/(mg/L)	1.0
31	苯甲醚/(mg/L)	0.05
32	β-萘酚/(mg/L)	0.4
33	丁基黄原酸/(mg/L)	0.001
34	氯化乙基汞/(mg/L)	0.0001
35	硝基苯/(mg/L)	0.017
36	铀/(mg/L)	0.03
37	镭 226/(Bq/L)	1
38	异丙隆/(mg/L)	0.009
39	异养菌平板计数（HPC）/(CFU/mL)	500
40	二溴乙烯/(mg/L)	0.00005
41	军团菌（CFU/100mL)	不得检出
42	二氯一碘甲烷/(mg/L)	0.01
43	壬基酚/(mg/L)	0.03
44	桡足类（个/20L)	1（活体）

注：多环芳烃（总量）包括萘、苯并 [a] 芘、苯并 [g，h，i] 芘、苯并 [b] 荧蒽、苯并 [k] 荧蒽、荧蒽、茚并 [1,2,3-c,d] 芘。

第2章

新型气浮-沉淀技术与工艺

2.1 水库水处理工艺

水库水处理一般采用常规处理工艺，包括混合、絮凝、气浮/沉淀、过滤、消毒。

（1）混合

混合是使原水与混凝剂迅速均匀混合在一起的过程，是絮凝过程中的重要环节，混合可以使水中的胶体颗粒脱稳，进一步增强凝聚效果。混合的方式有很多种，目前主要以管式混合、机械混合为主。

不同混合方式主要优缺点和适用条件见表2-1。

表 2-1　混合方式比较

类型	工艺优点	工艺缺点	适用条件
管式混合	设备简单，维修管理方便，不需土建构筑物；在设计流量范围，混合效果较好；不需外加动力设备	运行水量变化影响运行效果；水头损失较大；混合器构造较复杂	适用于水量变化不大的各种水厂
机械混合	混合效果较好，水头损失较小；混合效果基本不受水量影响	需消耗电能，管理维护较复杂	适用于中等规模水厂

（2）絮凝

絮凝是使水中脱稳的悬浮颗粒相互聚集，变成粗大密实且沉降性能较好的絮团，经后续沉淀得到去除。

不同絮凝方式主要优缺点和适用条件见表2-2。

表 2-2 絮凝方式比较

类型	工艺优点	工艺缺点	适用条件
往复式隔板絮凝池	絮凝效果好，构造简单，施工方便	絮凝时间较长，水头损失较小，转折处絮粒易破碎，出水流量不易分配均匀	用于水量大于 $3 \times 10^4 m^3/d$ 水厂；用于水量变化小的水厂
回转式隔板絮凝池	絮凝效果较好，水头损失较小，构造简单、管理方便	出水流量不易分配均匀	用于水量大于 $3 \times 10^4 m^3/d$ 水厂；用于水量变化小的水厂；适用于旧池改建和扩建
折板絮凝池	絮凝时间较短，絮凝效果好	构造较复杂，水量变化影响絮凝效果	用于水量变化不大的水厂
网格絮凝池	絮凝时间短，絮凝效果较好，构造简单	水量变化影响絮凝效果	单池能力一般以 $1.0 \times 10^4 \sim 2.5 \times 10^4 m^3/d$ 较好；用于水量变化不大的水厂
机械絮凝池	絮凝效果好，水头损失小，可适应水质、水量的变化	需机械设备和经常维修，造价高	水厂大小水量均适用；水量变化大的水厂

（3）气浮/沉淀

投入实际运行的浮沉池类型分三种，分别为平流式浮沉池、斜管浮沉池和斜板浮沉池。这三种类型浮沉池主要优缺点和适用条件如表 2-3 所示。

表 2-3 三种类型浮沉池主要优缺点和适用条件

类型	池型结构	工艺优点	工艺缺点	适用条件
平流式浮沉池	在平流沉淀池后部添加气浮单元	气浮和沉淀相结合，效果较好	占地面积大	不适合北方寒冷地区
斜管浮沉池	在气浮池分离区加装斜管，气浮和沉淀在同一池内	能够适应原水水质变化，池体小，节约占地面积	前后设开关闸板，操作和管理困难，集水方式、排泥排渣上有一定缺陷	适用于小型水厂
斜板浮沉池	在气浮池的分离区加装侧向流斜板，两工艺在同一池内分别进行	水流稳定，表面负荷大，反应时间短，节约混凝剂。池体小，造价低，运行管理方便，配水均匀，净化效率高	排泥效果差，斜板间距待改进	适用于大、中型水厂

（4）过滤

给水处理中的过滤一般是指通过过滤介质的表面或滤层截留水体中悬浮固体和其他

杂质的过程。根据滤池的结构类型不同，目前常用的池型有 V 型滤池、虹吸滤池、单阀滤池等。

不同滤池主要优缺点和适用条件见表 2-4。

表 2-4　不同类型滤池比较

类型	工艺优点	工艺缺点	适用条件
V 型滤池	出水水质好、滤速高、运行周期长、反冲洗效果好、节能和便于自动化管理	池体结构复杂，滤料较贵；增加了反冲洗的供气系统；产水量在 10000m³/d 以上时比同规模的普通快滤池基建投资造价高	适用于大、中型水厂
虹吸滤池	不需要设置洗水塔或水泵，设备简单，管廊面积小，操作管理方便，易于自动化控制，降低运转费用	滤池面积不宜过大，池子较深，冲水效果不理想	适用于中、小型水厂
单阀滤池	反冲洗与过滤切换操作简单，运行费用低，管理方便		适用于大、中型水厂

2.2 气浮-沉淀处理技术

2.2.1 气浮-沉淀技术原理

2.2.1.1 气浮原理与类型

（1）气浮原理

气浮的基本原理为：溶气系统在水中产生的大量微细气泡黏附水中的悬浮颗粒，形成密度小于水的絮体上浮到水面，从而使水中杂质被去除。在气浮法净水过程中，水中的杂质、混凝剂及微细气泡会通过物理化学作用进行混合、絮凝及黏附，水体中存在的物质都会影响气浮净水的结果。

气浮技术具有占地小、投资少、操作方便等优点，且在给水、工业废水及污水处理方面都有应用，尤其在处理低浊、低温和高藻水体方面取得了良好的处理效果。

（2）气浮类型

气浮法可分为溶气气浮法、布气气浮法、电解气浮法、生物气浮法及化学气浮法。
①溶气气浮法。通过加压，使尽可能多的空气溶于水中并达到饱和状态。溶气气浮法分为溶气真空气浮法和加压溶气气浮法。溶气真空气浮法是在常压下对被处理的水进行曝气，使空气溶于水并达到饱和，然后在真空条件下使空气从水中析出；加压溶气

气浮法是将空气加压使之溶于水，达到过饱和状态，在常压下使空气析出。

加压溶气气浮法相比于溶气真空气浮法，具有池型构造较为简单，操作管理维护较为方便的优点，此外，加压溶气气浮法还具有产生的气浮气泡微细、密集度大、粒度较均匀且数量多、上浮稳定和节约耗能的优点。因此，加压溶气气浮法是目前最为常用的气浮方法。

② 布气气浮法。又称为分散空气气浮法，该方法是通过机械的剪切力将空气粉碎成无数小气泡，发挥气浮作用。布气气浮法产生的气泡直径通常不够微细，气泡上浮速度较快，会直接影响气浮效果。一般用于工业废水处理。

③ 电解气浮法。将多组正负相间的电极放入含有电解质的废水中，通入直流电使之进行电解、颗粒极化、氧化等反应，阳极会吸附水中的杂质颗粒，最后形成絮凝体，同时阴极产生的氢气微气泡会与絮凝体黏附并上升到水面，达到固液分离的效果。一般用于除氟和工业废水处理。

④ 生物气浮法。利用生物的生命活动所产生的气体完成气浮过程。这种方法影响因素较多且不易调节，稳定性较差，应用较少。

⑤ 化学气浮法。通过投加化学药剂来产生 O_2、CO_2、Cl_2 等气体，进行气浮反应，与生物气浮法一样，化学气浮过程也易受环境等多种因素影响，气浮效果达不到理想状态，应用也较少。

2.2.1.2 沉淀原理及构筑物类型

（1）沉淀原理

沉淀过程是通过重力作用去除水中绝大部分悬浮物和絮体。沉淀可以有效减轻后续过滤过程的负担，是水处理过程中非常重要的环节。

（2）沉淀池类型

沉淀池按照水流在池内的流动方向，分为平流式沉淀池、辐流式沉淀池、斜板（管）沉淀池和竖流式沉淀池四类。

① 平流式沉淀池。池体平面为矩形，由进水区、沉淀区、排泥区和出水区四部分组成。原水首先由进水渠通过均匀分布的淹没式进水口进入池体，为保证原水沿进水区整个截面均匀分配，进水口后通常设有挡板；随后原水经过沉淀区进行沉淀，沉淀出水缓慢流向出水区溢流堰，堰前设置的浮渣槽和挡板可以截流水面浮渣，溢流堰会使沉淀后的水体沿池宽均匀流入出水渠。水中的颗粒沉于池底，聚积的污泥通过污泥斗的排泥管定期或连续地排出池外。

② 辐流式沉淀池。池体平面多为圆形，原水由池中心进水管引入池内，沿池半径方向缓慢流动至环形周边集水槽而溢出。悬浮物在流动过程中沉降至池底，通过回转式刮泥机将污泥刮至池中心的污泥斗，再利用重力或污泥泵排走。

③ 斜板（管）沉淀池。根据浅池理论设计的一种在沉淀区装有许多密集的平行倾斜板或平行倾斜管，使水中絮体杂质在斜板或斜管中进行沉降的沉淀池。

斜板（管）沉淀池，依照不同进水方向可分为三种类型：a. 侧向流斜板（管）沉淀池，是原水水平流动，即从斜板（管）侧面平行流入板面内，沉淀颗粒由底部滑出，水和泥成垂直方向运动。这种沉淀池也被称为平向流、横向流及平流式斜板（管）沉淀池；b. 逆向流斜板（管）沉淀池，是原水自下而上流出，即从斜板（管）底部流入，沿板（管）壁上部流出，泥渣由底部滑出，这种沉淀池也被称为上流式沉淀池，又因为水和沉淀颗粒运动方向是相反的，也叫异向流斜板（管）沉淀池；c. 下向流斜板（管）沉淀池，是原水自上而下流出，即从斜板（管）的顶部入口流入，沿板（管）壁向下流出，水和沉淀颗粒在同一方向运动，因此也被称为同向流斜板（管）沉淀池或下流式斜板（管）沉淀池。

④ 竖流式沉淀池。又称立式沉淀池，多为圆形或方形，原水通过池中心进水管自上而下进入池内，沿过水断面缓慢上升，从池四周溢流堰流出，悬浮颗粒杂质则沉降至池底泥斗中被排出。

2.2.1.3　新型气浮-沉淀工艺原理

新型气浮-沉淀工艺是在一个构筑物内可以切换运行气浮和沉淀两种工艺，使气浮和沉淀工艺均能达到各自最佳处理效果的新型水处理工艺。当原水为低浊、低温、高藻以及腐殖质含量较高等特殊水质时，运行气浮工艺；当原水浊度升高或持续很高，气浮工艺无法保证出水效果时，切换沉淀工艺进行处理。

沉淀工艺利用重力作用使水中的杂质颗粒、絮凝体下沉至池底被去除，从而达到去除效果；气浮工艺则利用微小气泡对杂质颗粒、絮凝体的黏附作用，使其浮至水面，达到去除效果。

2.2.2　气浮-沉淀技术研究现状

2.2.2.1　气浮工艺发展现状

1860 年，Wellian Hayneo 发明并提出气浮技术，最早应用于矿物浮选，大大促进了采矿业的发展。1920 年，有人想到利用这种技术处理废水，但当时处理效果较差，没有引起人们的重视。1924 年，Sveen 进行了加压溶气气浮技术的理论研究，但是仍未引起广泛关注；1943 年，Hansan 和 Goraas 发表了利用气浮技术进行污水处理的文章，气浮法的研究和应用受到了比较高的重视；1945 年，出现了第一篇气浮技术用于给水处理的文章；到 20 世纪 50 年代，气浮技术的研究进展缓慢，主要是因为气浮产生的气泡直径较大，水处理效果不理想；直到 20 世纪 60 年代，人们研究出净水效果显著提高且更经济的部分回流式加压溶气气浮技术，该技术得到了广泛应用。20 世纪 70 年代，人们开始重点研究溶气释放器，使微气泡的生产技术有了较大的提高，净水效果更加理想，气浮技术在给水领域发展迅猛。2000 年，气浮净水技术已经在比利时、荷兰、美国、英国等多个国家广泛应用，甚至有的国家的给水处理厂中沉淀工艺几乎都被气浮工艺取代。

我国对气浮工艺的研究起步较晚，1979 年，我国首次成功将气浮工艺运用到印染厂废水处理的实际工程中，处理效果较好。此后，科研人员对气浮技术的研究越发全面，对气浮装置、气浮池池型和各部分构造的设计更加合理，进一步提高了气浮池的运行效果，气浮技术也因此在全国范围内快速被推广应用，主要用于造纸、炼油、化工、钢铁、印染、制革、纺织、橡胶、食品、制药等工业废水、城市污水、工业用水的处理，同时也用于净水厂处理含藻、低温、低浊以及微污染的水体，处理效果较好。近年来，随着水资源的严重短缺和水源水质的日益恶化，科研人员对净水工艺的研究应用不断深入创新，将气浮工艺与其他水处理工艺进行组合，并取得了不错的处理效果。

2.2.2.2　沉淀工艺发展现状

平流式沉淀池是最早的沉淀构筑物，由于平流式沉淀池具有构造简单、造价较低和适应水质变化能力较强等特点，目前仍有许多地方在使用；平流式沉淀池同时存在体积较大，占地面积广，进、出水配水不易均匀的缺点。

1959 年，日本宇野昌彦等首次提出了异向流斜板沉淀的试验资料。此后，通过世界各国对斜板沉淀池和斜管沉淀池进行的几十年的探讨和实践，斜板沉淀构筑物斜管沉淀构筑物开始作为新型的沉淀设备被世界各国推广应用。斜板沉淀池、斜管沉淀池的水处理能力高于平流式沉淀池 3～10 倍，是目前应用最多的沉淀构筑物。斜板沉淀池、斜管沉淀池推广几年后，人们发现由于在斜板、斜管中泥水异向，影响了水的上升速度和污泥的下滑，因而液面负荷也会受到一定限制。1967 年，瑞典查理默斯大学工程学院与阿克塞尔约翰逊工业研究院一起研究出了更高效率的沉淀装置，创造出了"兰美拉"分离器（即同向流斜板沉淀），使斜板沉淀池、斜管沉淀池得到更好的处理效果。

我国于 1965 年通过对斜板沉淀构筑物进行试验研究后，在 1966 年开始在工业生产上进行推广，并取得了较显著的应用效果。1968 年开始利用斜管沉淀构筑物进行工业污水处理的试验研究，也取得了较好的水处理效果。目前，我国绝大部分给水厂均采用斜板、斜管沉淀构筑物进行水处理。1973 年，我国开始进行同向流斜板沉淀的试验研究，并推广应用到实践中。与此同时，对侧向流斜板沉淀也开始进行试验研究。

近些年，我国沉淀池设计者一直围绕提升沉淀池的沉淀效率方面进行试验探讨与研究，主要包括缩短颗粒的沉降距离、改善水流流态、增大矾花沉速以及增大沉淀面积等方法来实现沉淀效率的增加。

2.2.2.3　气浮-沉淀工艺发展现状

J. P. Mally 等研究得出，当原水浊度超过 100NTU 时，气浮工艺处理效果十分不理想。N. Tambo 等研究发现，当原水中悬浮颗粒杂质含量低于 50mg/L 时，沉淀工艺和气浮工艺处理效果相差不大；当原水中悬浮颗粒杂质含量大于 50mg/L 时，沉淀工艺可以取得更好的处理效果。为适应一些地区原水浊度随季节或气候发生高低交替的变化，从 20 世纪 70 年代起，世界上许多水厂开始采用沉淀与气浮相结合的浮沉池工艺，典型的有法国 Oegemont 公司研发的沉淀浮选池等。

气浮工艺对低温、低浊、高藻水及受有机物污染的地表水体处理效果较好，但对水质变化幅度大的水体及高浊水处理效果较差，而传统的沉淀工艺能有效处理高浊水质，但对低温、低浊水质处理效果不理想。因此，我国科研人员在沉淀池基础上加以改进创新，将沉淀和气浮两种工艺有机地结合在同一构筑物内，开发一种新工艺即沉淀-气浮固液分离工艺。沉淀-气浮固液分离工艺大部分是将水厂原有的沉淀池进行技术改进，大多以气浮为辅、沉淀为主，发挥了气浮和沉淀各自的作用，与单一的气浮池或沉淀池相比，新工艺对水质变化较大的原水具有更强的适应性。

由于我国沉淀-气浮固液分离工艺发展起步较晚，大部分研究人员的设计思想和机理的研究探讨并不成熟，导致该工艺在运行过程中存在排泥效果差、"跑矾花"及工艺设计构造不合理等问题。我国东北地区已有多家水厂采用侧向流斜板浮沉池工艺，该浮沉池具有各自独立的沉淀与气浮集水系统，针对我国北方地区取水水源冬季低温低浊、夏季高藻高浊的特点，取得了不错的处理效果。该侧向流斜板浮沉池池体构造如图 2-1、图 2-2 所示。

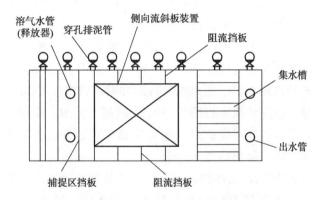

图 2-1 侧向流斜板浮沉池平面图

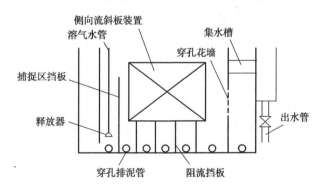

图 2-2 侧向流斜板浮沉池剖面图

秦皇岛市的海港水厂由于在水源藻类暴发性增长时期不能进行有效处理，造成藻类堵塞滤料，加快滤池反冲洗频率，制水成本增加，同时有些藻类进入供水管网，使出水变浑浊并伴有异味。针对这种情况，有关科研人员在平流沉淀池内增设挡水板、溶气释放器和排渣槽，将原有的平流沉淀池改造为浮沉池，改造后藻类的去除率达到 60％以上，出水浊度也明显下降，浮沉池处理效果较好，达到预期目标。

刘芳、马军等将长春市某给水厂原有平流式沉淀池改为沉淀-高速气浮联用工艺，同时增加静态混合器。经改造后水厂出水水质较好，达到国家饮用水卫生标准，混凝剂投加量减少，节约了水厂运行成本。

王静超、马军等对吉林市第三水厂原有的浮沉池进行了改造，针对原浮沉池存在的"跑矾花"问题，在浮沉池内部加入斜板装置。试验得出，处理低浊水时，斜板装置的加入对气浮净水效果影响较小，可以忽略；当浮渣层厚度和原水浊度增加时，斜板装置的加入会有一定的不利影响，导致排渣周期缩短。

孙志民等通过对浮沉池的优化改进研究，提出新型气浮-沉淀工艺，气浮与沉淀两种工艺在同一个构筑物内运行，与以前的浮沉池工艺相比，新工艺具有以下优点：气浮工艺选择经过优化后的溶气气浮工艺，并将气浮与沉淀填料装置即侧向流斜板装置安装在分离区内，提高了气浮工艺的运行效果；沉淀工艺则选择侧向流斜板沉淀工艺，由于两种工艺在同一个构筑物内运行，根据浅池理论，在分离区内安装侧向流斜板装置具有加强沉淀工艺效果的作用。优化构筑物内部构造，可以同时满足气浮和沉淀工艺要求，且构筑物容积相对较小、水力停留时间相对较短。

徐晓然针对规模为 20000m³/d 气浮与沉淀切换运行的新型气浮-沉淀工艺和传统的沉淀＋气浮工艺构筑物进行计算，并对其占地面积以及建设投资方面做了比较分析。结果可知，不论是占地面积，还是建设费用方面，新型气浮-沉淀工艺都具有明显的经济优势。将气浮与沉淀切换运行的新型气浮-沉淀工艺用于珠海三灶水厂改造，其生产运行结果表明：当运行气浮模式时，平均除藻率可达 96.9%，平均除浊率可达 94.1%；当运行沉淀模式时，除浊率为 98.5%。

王兆东等采用沉淀-气浮组合工艺进行了低浊高藻水净水效果的中试研究。通过试验，首先确定了混凝剂 PAFC 投加量为 4.5mg/L、进水流量为 0.6m³/h 和回流比为 8% 的试验条件。在此试验条件下，沉淀-气浮组合工艺的平均出水浊度为 0.75NTU，去除率达 95.2%；出水的颗粒数总量为 4800 个/mL，去除率达 95.9%，且对不同粒径区间颗粒数去除效果基本一致；出水 COD_{Mn} 为 3.95mg/L，去除率为 41.3%，出水藻类数量 270 万～900 万个/L，去除率达 96%。试验结果表明，沉淀-气浮组合工艺对浊度、颗粒数、藻类、臭味物质等去除率较高，对 COD_{Mn} 有一定的去除效果，低浊高藻水适合采用沉淀-气浮组合工艺进行处理。

针对济南某水厂的原水低温低浊、季节性的高藻以及微污染的主要特点，徐玮等通过对除有机物、除藻、除臭味等方面的处理工艺的优选，确定最终的处理工艺为：先进行高锰酸钾预处理工艺，然后使用沉淀气浮池工艺，再进入生物活性炭滤池工艺，最后加上紫外线消毒工艺。该工艺浊度平均去除率为 96.45%、COD_{Mn} 的平均去除率为 43.56%、UV254 的平均去除率为 57.58%、对水中藻类的平均去除率为 96.07%。浊度的去除主要依靠沉淀气浮池和活性炭滤池，有机物的去除主要依靠活性炭滤池，藻类的去除主要依靠沉淀气浮池，臭和味的去除主要依靠沉淀气浮池和活性炭滤池。此工艺的使用可以有效地解决水质的问题，从而达到更好的水处理效果，对于黄河流域沿线水厂改造有极其重要的示范意义。

王安爽等以南水北调通水后山东受水区原水为处理对象，研究了气浮-沉淀工艺运行特性。研究结果表明，气浮-沉淀组合工艺处理低浊高藻水可在投药量较少、水处理负荷较大、能耗较小的条件下达到较好的净水效果。相比于单独的气浮和沉淀工艺，沉淀-气浮组合工艺对浊度的去除率分别提高了 2% 和 5%，对颗粒数的去除率分别提高了 4% 和 7%，出水中有机物含量降低，对藻类的平均去除率可达 96%，同时可有效去除水中的臭味物质。

目前，对于地表水源水尤其是水库水具有的低浊、突发或季节性高藻、高浊、高有机物、高色度等特点，仅靠沉淀工艺难以使出水水质达标，气浮与沉淀工艺联合处理可以达到理想的去除效果。但由于占地面积、建设成本等因素限制，给水处理工艺中采用气浮与沉淀工艺串联设计难以实现、推广。新型气浮-沉淀工艺的出现，恰好适应目前生活饮用水处理现状和需求，为水库水源及地表水源的处理提供了更好的解决方案。运行此工艺不仅解决了沉淀工艺去除藻类效果差和普通气浮工艺无法处理高浊水的问题，还解决了沉淀工艺预加氯除藻产生消毒副产物及藻毒素会对人体健康构成威胁的问题，同时对水库水源中的有机物和铁、锰元素也有较好的处理效果。

为达到新型气浮-沉淀工艺的推广运行提供成熟的技术支撑与示范的目的，针对水库水源特点，进行新型气浮-沉淀工艺处理水库水的生产性试验研究，通过调整新型气浮-沉淀构筑物运行参数，找出气浮单元和沉淀单元各自最佳的运行条件，考察新型气浮-沉淀工艺对水库水源中各主要水质指标的去除规律与去除效果，验证新型气浮-沉淀工艺应用于实际生产的有效性。

2.3 新型气浮-沉淀工艺影响因素

不同季节、不同水质条件下新型气浮-沉淀工艺分别运行气浮单元和沉淀单元。影响新型气浮-沉淀工艺的因素有很多，包括原水水质、水温、pH 值、混凝剂的种类及投加量、水量负荷、絮凝时间、溶气压力等，本研究选定混凝剂 PAC 投加量、pH 值、进水量负荷等主要影响因素进行试验，考察新型气浮-沉淀工艺处理效果最佳的运行参数。

2.3.1 气浮-沉淀工艺流程

在某水厂中进行生产性试验研究，采用的水库水净水工艺流程为混合—絮凝—气浮-沉淀—过滤—消毒，如图 2-3 所示。

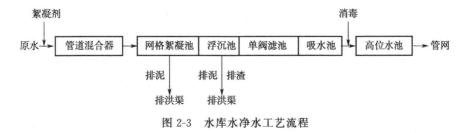

图 2-3 水库水净水工艺流程

原水以重力流的方式通过管道混合器后，进入网格絮凝池，经过絮凝反应后进入新型气浮-沉淀池，运行侧向流斜板沉淀工艺或气浮工艺，出水进入单阀滤池过滤，滤后水经提升泵提升至高位清水池，消毒后通过重力流向配水管网供水。

工程设备采用絮凝反应、气浮-沉淀、过滤、吸水池一体化设备，集投药、絮凝反应、气浮工艺/沉淀工艺、过滤工艺为一体，同时采用自动化系统，具有设备自动运行、无人值守、维护简单的优点。

网格絮凝池与新型气浮-沉淀池合建，分网格絮凝区与新型气浮-沉淀区，构筑物示意图见图2-4。

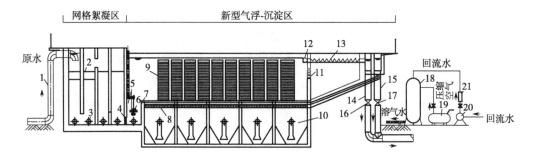

图 2-4 网格絮凝/新型气浮-沉淀池示意

1—原水输水管；2—网格；3—穿孔排泥管；4—进水配水花墙；5—气浮接触区；6—溶气释放器；
7—阻流墙；8—气浮集水管；9—气浮与沉淀填料装置（斜板装置）；10—集泥区；11—沉淀出水配水花墙；
12—气浮排渣槽及排渣管；13—沉淀三角堰集水槽；14—沉淀出水管；15—气浮出水管；
16—沉淀出水阀；17—气浮出水阀；18—溶气罐；19—空压机；20—回流泵；21—流量计

当新型气浮-沉淀工艺运行气浮单元时，启动空气压缩机、回流水泵，产生的溶气压力溶气水通过溶气释放器转换成密集微细气泡，分布在新型气浮-沉淀池的接触区，气泡会黏附密度接近水的杂质微粒，形成密度小于水的气浮体，上浮至水面形成浮渣，由刮渣机刮除。此时打开气浮工艺出水阀，关闭沉淀工艺排泥阀和沉淀工艺出水阀，出水通过气浮排水管流出，从而完成固液分离。

当原水浊度突然升高或浊度持续很高时，运行切换至沉淀单元，此时关闭空气压缩机、回流水泵和气浮出水阀，打开气浮排渣管阀门，排出气浮浮渣后关闭气浮排渣管阀门，充分混凝处理的原水通过侧向流斜板沉淀池，打开沉淀出水阀，出水经沉淀排水管流出，污泥则由污泥斗收集，经排泥管排出。

新型气浮-沉淀工艺设备特点如下。

① 净水功能所需的全部设备采用钢制一体化装置，包括栅条扩散管混合器、机械排泥设备、阀门、絮凝池、新型气浮-沉淀池、气浮溶气与释放设备、气浮刮渣设备、过滤池等。将传统的沉淀部分改装为新型气浮-沉淀池，实现了净水一体化设备的创新，能够在同一构筑物内切换运行气浮和沉淀两种工艺，且都能达到各自最佳的处理效果，对原水水质变化具有较强的适应性。

② 气浮与沉淀填料为斜板装置。斜板装置不仅可以减少水流紊动，还能使气浮释

放器产生的微小气泡对絮凝体（矾花）、藻类颗粒等的黏附效率提高，加快颗粒上浮速度，加强气浮效果；同时，由于本工程采用的斜板间距较小，长度较大，大大提高了沉淀的处理效果。

③ 气浮与沉淀工艺的集配水系统各自独立。气浮工艺集水系统是在设备底部设置穿孔集水管进行集水，侧向流斜板沉淀工艺的集水系统则在新型气浮-沉淀池末端设置集水槽进行集水。当运行气浮工艺时，启动气浮集水系统，同时关闭沉淀出水阀门；当运行沉淀工艺时，启动沉淀集水系统，同时关闭气浮出水阀门。设置独立的集水系统可有效解决以往浮沉池运行气浮或沉淀工艺时出现"跑矾花"现象的问题。

2.3.2　气浮单元影响因素

以水库为原水，研究混凝剂投加量、pH 值、进水量负荷对气浮效果的影响。原水水质见表 2-5。

表 2-5　原水水质

项目	水温/℃	pH 值	浊度/NTU	COD_{Mn}/(mg/L)	铁/(mg/L)	锰/(mg/L)
平均	18	6.1	5.5	2.80	0.246	0.199
最低	16	5.8	4.0	1.79	0.171	0.082
最高	20	6.3	7.8	3.72	0.350	0.345

2.3.2.1　混凝剂投加量

混凝剂投加量不足或过量都会导致混凝效果不理想，从而影响气浮工艺处理效果。当混凝剂投加量不足时，形成的矾花体积小且数量多，气浮产生的气泡难以有效黏附所有的细小矾花并使之上浮；当混凝剂投加过量时，形成的矾花体积粗大且密实，需要气浮溶气释放器产生更多的气泡来黏附，从而使制水成本增加，同时药剂量的增加可能会导致出水余铝量的严重超标。

由于水库净水厂投入实际生产后的进水水量大部分时间为 6300m³/d，即 263m³/h，所以选取较小的水量变化梯度，调节进水量分别为 270m³/h、240m³/h、210m³/h，考察这三种不同处理水量条件下，混凝剂 PAC 的最佳投加量。

（1）进水量为 270m³/h 时 PAC 最佳投加量

试验期间新型气浮-沉淀工艺气浮单元进水量为 270m³/h，回流比为 9%，溶气压力为 0.3～0.4MPa，pH 值为 7.0 左右，混凝剂 PAC 投加量分别为 0.7mg/L、0.9mg/L、1.1mg/L、1.3mg/L、1.5mg/L、1.7mg/L，六种工况下气浮单元对原水浊度、COD_{Mn}、总铁及锰的去除效果分别如图 2-5～图 2-8 所示。

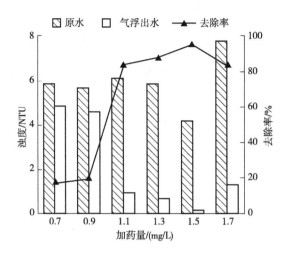

图 2-5　不同加药量下浊度去除效果（270m³/h）

由图 2-5 可以看出，气浮反应后，浊度总去除率随着 PAC 投加量的增加呈先上升、后下降的趋势。当 PAC 投加量为 0.7mg/L 时，浊度去除率最低为 17%，气浮出水浊度为 4.84NTU；当 PAC 投加量为 1.5mg/L 时，浊度去除率达到最大值为 95.2%，气浮出水浊度为 0.2NTU；继续增加 PAC 投加量，去除率降低，出水浊度升高。

分析原因可知，当 PAC 投加量为 1.5mg/L 时，原水浊度最低，单位水体内颗粒数量少，颗粒脱稳进行有效碰撞而结合的概率相对较低，絮体成长困难，不利于混凝，当加药量超过 1.5mg/L 时，原水浊度有所升高，混凝剂的水解产物凝结能力加强，利于混凝，但去除率反而下降，说明加药量为 1.5mg/L 时，浊度去除效果最好。

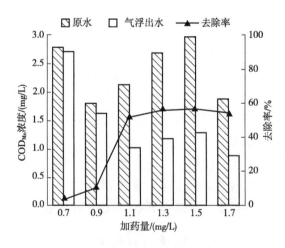

图 2-6　不同加药量下 COD_Mn 去除效果（270m³/h）

由图 2-6 可以看出，气浮反应后，COD_Mn 总去除率随着 PAC 投加量的增加呈先上升、后略下降的趋势。当 PAC 投加量为 0.7mg/L 时，COD_Mn 去除率最低，为 3.6%；当 PAC 投加量由 1.1mg/L 增加到 1.5mg/L 时，COD_Mn 去除率由 52.2% 缓慢增加至

56.8%，此时，COD_{Mn} 去除效果达到最优，出水 COD_{Mn} 浓度为 1.28mg/L。继续增加 PAC 投加量，去除率略有下降。

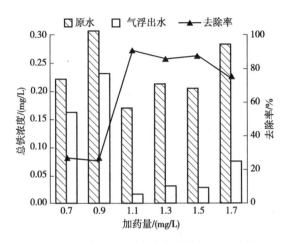

图 2-7　不同加药量下总铁去除效果（270m³/h）

由图 2-7 可以看出，气浮反应后，总铁总去除率随着 PAC 投加量的增加呈先略下降、后上升、再下降的趋势。当 PAC 投加量为 0.9mg/L 时，总铁去除率最低为 24.7%；当 PAC 投加量由 1.1mg/L 增加至 1.5mg/L 时，总铁去除率较高，去除率平均值达到 87.5%，总铁出水浓度平均值为 0.03mg/L；继续增加 PAC 投加量时，去除率下降至 73.6%。

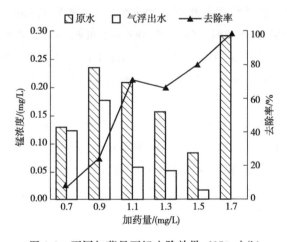

图 2-8　不同加药量下锰去除效果（270m³/h）

由图 2-8 可以看出，气浮反应后，锰总去除率随着 PAC 投加量的增加呈先上升、后略下降、再上升的趋势。当 PAC 投加量为 0.7mg/L 时，锰去除率最低为 7%；当 PAC 投加量在 1.1～1.7mg/L 时，锰去除率平均值为 81%，锰几乎被完全去除，出水浓度平均值为 0.056mg/L。

混凝剂 PAC 作用主要包括压缩双电层、吸附架桥、网捕或卷扫。混凝过程产生的絮体能够通过吸附、卷扫和包裹作用使原水中溶解性的总铁和锰去除。因此，随着PAC投加量的增加，形成的絮体体积变大，总铁和锰的去除效果也增强。

可见，气浮反应中，混凝剂PAC投加量的改变对原水浊度、COD_{Mn}、总铁和锰的去除效果均具有明显作用。新型气浮-沉淀工艺气浮单元对各指标的综合去除效果如图2-9所示。

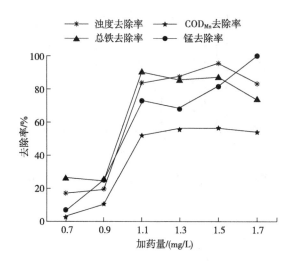

图 2-9 不同加药量下各指标去除效果（270m³/h）

由图2-9可以看出，气浮反应中，随着PAC投加量的增加，原水浊度、COD_{Mn}、总铁和锰的去除率变化趋势大致相同。当PAC投加量为1.5mg/L时，浊度、COD_{Mn}、总铁和锰去除率分别为95.2%、56.8%、87.1%和81.9%，各指标出水浓度分别达到0.2NTU、1.28mg/L、0.027mg/L和0.015mg/L，气浮处理效果均达到理想状态。继续增加PAC投加量至1.7mg/L时，锰去除率略有提高，而浊度、COD_{Mn}和总铁去除率均有所下降。

当混凝形成的絮体颗粒粒径小于100μm时，才可以和气浮产生的微气泡黏附上浮至液面，从而被去除，而絮体颗粒的最佳粒径范围为10～30μm。在一定范围内，随着PAC投加量的增加，生成的絮体颗粒数量也增加，气浮处理效果越好；继续增加PAC投加量，絮体尺寸逐渐增大，当超过絮体最佳颗粒尺寸或超过100μm时，溶气系统释放的气体量不能提供足够的上浮力，此时气浮效果下降。因此，当进水量为270m³/h时，气浮反应中PAC最佳投加量确定为1.5mg/L。

（2）进水量为240m³/h时PAC最佳投加量

改变新型气浮-沉淀工艺气浮单元处理水量为240m³/h，回流比为9%，溶气压力为0.3～0.4MPa，pH值为7.0左右，混凝剂PAC投加量分别为0.9mg/L、1.1mg/L、1.3mg/L、1.5mg/L和1.7mg/L，五种工况下气浮单元对原水浊度、COD_{Mn}、总铁及锰的去除效果分别如图2-10～图2-13所示。

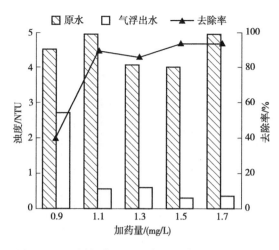

图 2-10　不同加药量下浊度去除效果（240m³/h）

由图 2-10 可以看出，气浮反应后，浊度总去除率随着 PAC 投加量的增加呈先上升、后略下降、再上升的趋势。当 PAC 投加量为 0.9mg/L 时，浊度去除率最低为 40%；当 PAC 投加量由 1.1mg/L 增加至 1.5mg/L 时，浊度去除率先由 88.9% 下降至 85.3%，再上升至 93%，此时，浊度去除率达到最大值，出水浊度达到 0.28NTU，浊度去除效果最好；当 PAC 投加量继续增加至 1.7mg/L 时，出水效果没有明显提高。

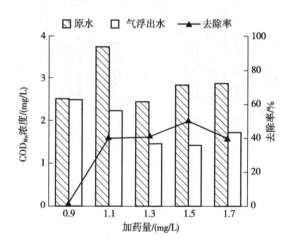

图 2-11　不同加药量下 COD_{Mn} 去除效果（240m³/h）

由图 2-11 可以看出，气浮反应后，COD_{Mn} 总去除率随着 PAC 投加量的增加呈先上升、后下降的趋势。当 PAC 投加量为 0.9mg/L 时，COD_{Mn} 去除率最低为 0.8%；当 PAC 投加量为 1.5mg/L 时，COD_{Mn} 去除率达到最高值为 49.6%，出水 COD_{Mn} 浓度为 1.43mg/L，COD_{Mn} 去除效果最好。

由图 2-12 可以看出，气浮反应后，总铁总去除率随着 PAC 投加量的增加呈先上升、后下降、再上升的趋势。当 PAC 投加量由 0.9mg/L 增加至 1.1mg/L 时，水中总铁去除率大幅上升，由 20% 增加至 100%，出水中检测不到总铁残余量，处理效果显

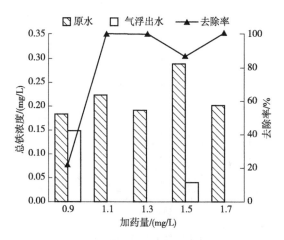

图 2-12 不同加药量下总铁去除效果 (240m³/h)

著。继续增加 PAC 投加量至 1.7mg/L 时，总铁去除率先下降至 90%，再上升至 100%，去除效果相差不大，即投药量在 1.1~1.7mg/L 时，总铁去除效果最好。

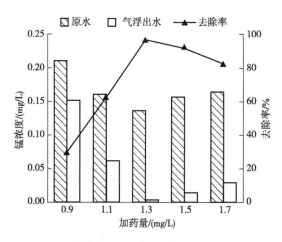

图 2-13 不同加药量下锰去除效果 (240m³/h)

由图 2-13 可以看出，气浮反应后，锰总去除率随着 PAC 投加量的增加呈先上升、后下降的趋势。当 PAC 投加量由 0.9mg/L 增加至 1.3mg/L 时，锰去除率由 28.6% 上升至 96.7%，出水锰浓度迅速降低，此时锰去除效果达到最好；继续增加投药量至 1.7mg/L，锰去除率缓慢下降。

当进水量为 240m³/h 时，新型气浮-沉淀工艺气浮单元对各指标的综合去除效果如图 2-14 所示。

由图 2-14 可以看出，当 PAC 投加量为 1.5mg/L 时，原水浊度、COD$_{Mn}$、总铁和锰去除率分别为 93%、49.6%、89.7% 和 91.7%，出水浓度分别达到 0.28NTU、1.43mg/L、0.03mg/L 和 0.013mg/L，此时，气浮处理效果较优；继续增加 PAC 投加量至 1.7mg/L 时，总铁去除率略有提高，而浊度、COD$_{Mn}$ 和锰去除率均有所下降。因

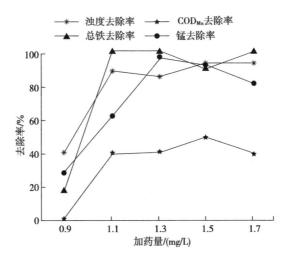

图 2-14　不同加药量下各指标去除效果（240m³/h）

此，当进水量为 240m³/h 时，PAC 投加量确定为 1.5mg/L。

（3）进水量为 210m³/h 时 PAC 最佳投加量

改变新型气浮-沉淀工艺气浮单元进水量为 210m³/h，回流比为 9%，溶气压力为 0.3～0.4MPa，pH 值为 7.0 左右，混凝剂 PAC 投加量分别为 1.1mg/L、1.3mg/L、1.5mg/L、1.7mg/L 和 1.9mg/L，五种工况下气浮单元对原水浊度、COD_{Mn}、总铁及锰的去除效果分别如图 2-15～图 2-18 所示。

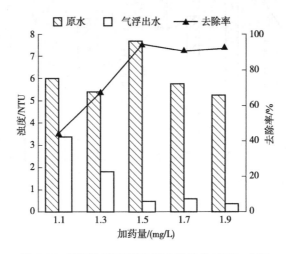

图 2-15　不同加药量下浊度去除效果（210m³/h）

由图 2-15 可以看出，气浮反应后，浊度总去除率随着 PAC 投加量的增加呈先上升、后略下降的趋势。当 PAC 投加量由 1.1mg/L 增加至 1.5mg/L 时，浊度去除率由 44.1% 上升至 93.9%，出水浊度由 3.36NTU 下降至 0.47NTU，此时浊度去除效果达到最优，继续增加 PAC 投加量时，去除率略下降。

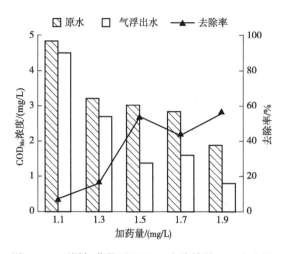

图 2-16　不同加药量下 COD_{Mn} 去除效果（210m³/h）

由图 2-16 可以看出，气浮反应后，COD_{Mn} 总去除率随着 PAC 投加量的增加呈先上升、后下降、再上升的趋势。当 PAC 投加量为 1.1mg/L 时，COD_{Mn} 去除率最低为 7%；当 PAC 投加量为 1.5mg/L 时，COD_{Mn} 去除率达到最大值为 54%，此时出水 COD_{Mn} 浓度为 1.39mg/L，气浮处理效果最好；当 PAC 投加量增加至 1.9mg/L 时，去除效果没有明显提高，从生产成本方面考虑，PAC 投加量选用 1.5mg/L 时，COD_{Mn} 去除效果较好。

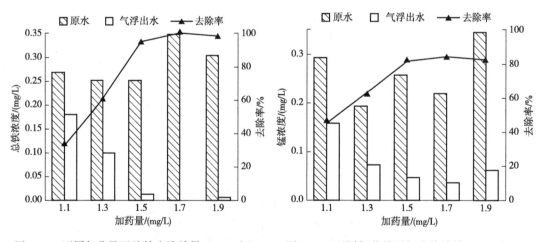

图 2-17　不同加药量下总铁去除效果（210m³/h）　　图 2-18　不同加药量下锰去除效果（210m³/h）

由图 2-17、图 2-18 可以看出，气浮反应后，总铁和锰总去除率变化趋势相似，即都随着 PAC 投加量的增加呈先上升、后稳定的趋势。当 PAC 投加量由 1.1mg/L 增加至 1.5mg/L 时，总铁去除率由 33.3% 上升至 95.3%，出水浓度为 0.012mg/L，锰去除率则由 44.8% 上升至 81.6%，出水浓度为 0.047mg/L，可见，总铁和锰去除效果都较好；继续增加 PAC 投加量，总铁和锰去除率基本不变。因此，当 PAC 投加量选用 1.5mg/L 时，气浮单元对总铁和锰的去除效果均达到理想状态。

不同 PAC 投加量下，新型气浮-沉淀工艺气浮工艺对各指标的综合去除效果如图 2-19 所示。

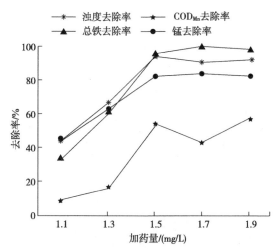

图 2-19　不同加药量下各指标去除效果（210m³/h）

由图 2-19 可以看出，当 PAC 投加量为 1.5mg/L 时，浊度、COD_{Mn}、总铁和锰的去除率均达到最大值，分别为 93.9%、54%、95.3% 和 81.6%，出水浓度分别为 0.47NTU、1.39mg/L、0.012mg/L 和 0.047mg/L，气浮处理效果较好。继续增加 PAC 投加量，各指标去除率没有明显提高。

综上，当原水浊度在 4.0～7.8NTU 范围内，进水量分别为 210m³/h、240m³/h 和 270m³/h 时，对应的混凝剂最佳投加量均为 1.5mg/L。因此，在水库净水厂实际生产运行中，为达到新型气浮-沉淀工艺气浮单元的最佳运行效果和节约水厂生产成本的目的，进水量在 210～270m³/h 范围内对应的混凝剂 PAC 最佳投加量确定为 1.5mg/L。

2.3.2.2　pH 值

pH 值对新型气浮-沉淀工艺气浮单元处理效果的影响主要分为两方面：一方面为 pH 值对混凝剂絮凝作用的影响；另一方面为 pH 值对气浮过程中产生的微气泡大小和数量的影响。

气浮产生的微细气泡大小及密度对气浮作用影响较大。当溶气释放器产生的气泡数量多且直径小时处理效果较好，反之，则处理效果较差。pH 值的变化会影响微气泡的大小和密度，当 pH 值接近 7 时，单位体积内气浮产生的微气泡直径最小且数量最多，随着 pH 值的不断降低或增加，微气泡平均直径不断变大且数量逐渐减少。可见，当原水 pH 值接近中性时，气浮处理效果最好。

pH 值对混凝剂的絮凝作用也具有较大影响，主要是对混凝剂的性质、作用及胶体表面电荷的 ζ 电位影响较大。混凝剂不同，对应的最佳混凝区域也不同。若 pH 值选择不恰当，可能会导致混凝剂不能完全发挥其絮凝作用，絮凝效果差，甚至会使絮凝体重新变成胶体溶液。由此可见，选择合适的 pH 值对新型气浮-沉淀工艺运行效果具有重要意义。

为研究 pH 值对新型气浮-沉淀工艺气浮单元处理效果的影响，投加碳酸钠调节进水 pH 值，使 pH 值分别为 6.4、6.6、6.8、7.0、7.2、7.4、7.6，处理水量为 270m³/h，回流比为 9%，溶气压力为 0.3~0.4MPa，PAC 投加量为 1.5mg/L。七种工况下气浮单元对原水浊度、COD_{Mn}、总铁及锰的去除效果如图 2-20~图 2-23 所示。

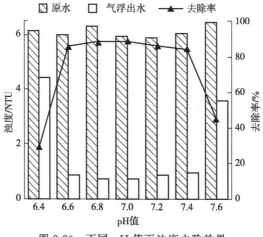

图 2-20 不同 pH 值下浊度去除效果

由图 2-20 可知，气浮反应后，浊度总去除率随着 pH 值的增加呈先上升、后稳定、再下降的趋势。当 pH 值为 6.4 时，去除率最低，仅为 27.3%；当 pH 值在 6.6~7.4 范围内，浊度平均去除率达到 86.14%，出水浊度平均值为 0.834NTU，气浮去除效果较优；继续增加 pH 值至 7.6 时，去除率迅速下降为 44.6%，出水浊度为 3.57NTU，气浮去除效果变差。由此可见，pH 值过高或过低都会导致气浮出水浊度增高，处理效果较差，当 pH 值在 6.6~7.2 范围内，浊度去除效果最好。

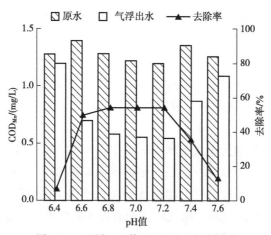

图 2-21 不同 pH 值下 COD_{Mn} 去除效果

由图 2-21 可知，气浮反应后，COD_{Mn} 总去除率随着 pH 值的增加呈先上升、后稳定、再下降的趋势。当 pH 值由 6.4 增加至 6.6 时，COD_{Mn} 去除率迅速上升，由 7% 上升至 49.6%，气浮出水 COD_{Mn} 为 0.7mg/L；当 pH 值由 6.6 增加至 7.2 时，COD_{Mn} 去除率变化幅度较小，趋于稳定，COD_{Mn} 去除率平均值为 52.85%，气浮出水 COD_{Mn} 平均值为 0.6mg/L，COD_Mn 去除效果较好；继续增加 pH 值至 7.6 时，COD_Mn 去除率快速下降，此时去除率为 12.8%，气浮出水 COD_Mn 浓度为 1.09mg/L，处理效果较差。由此可见，pH 值在 6.6～7.2 范围内，COD_Mn 去除效果最好。

大部分金属盐混凝剂对有机物的去除机理主要分为两点，在较低 pH 值条件下，通过电性中和作用，带负电的有机物和带正电的混凝剂水解产物会形成不溶性化合物进行沉降；在较高 pH 值条件下，混凝剂水解产物主要以高聚态存在，通过吸附作用黏附水中胶体颗粒，但是，随着水中 OH⁻ 含量增高，会与有机物形成竞争吸附，从而使有机物去除率下降。因此，在 pH 值高时气浮处理效果较差，综合 pH 值对气泡的影响，确定新型气浮-沉淀工艺最适 pH 值范围为 6.6～7.2。

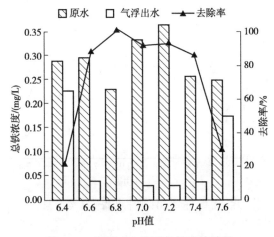

图 2-22　不同 pH 值下总铁去除效果

由图 2-22 可知，气浮反应后，总铁总去除率随着 pH 值的增加呈先上升、后下降的趋势。当 pH 值在 6.6～7.4 范围内，总铁去除率最低为 85.2%，最高达到 100%，气浮出水总铁浓度最低为 0，最高为 0.04mg/L；当 pH 值为 6.4 和 7.6 时，总铁去除率仅达到 20.9% 和 29.6%，气浮处理效果较差。因此，当 pH 值在 6.6～7.4 范围内，总铁去除效果较优。

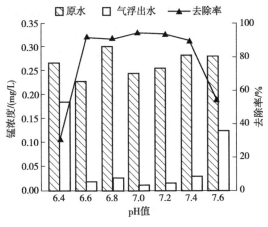

图 2-23　不同 pH 值下锰去除效果

由图 2-23 可知，气浮反应后，锰总去除率随着 pH 值的增加呈先上升、后稳定、再下降的趋势。当 pH 值为 6.4 和 7.6 时，锰去除率分别为 30.1％和 54.8％，期间，去除率最高升到 91.7％。当 pH 值在 6.6～7.4 范围内，锰去除率平均值为 91.68％，气浮出水锰浓度平均值为 0.022mg/L，水中锰剩余含量接近 0。因此，当 pH 值在 6.6～7.4 范围内，锰去除效果最好。

图 2-24 显示了在不同 pH 值条件下，气浮单元对各指标去除效果的综合影响。

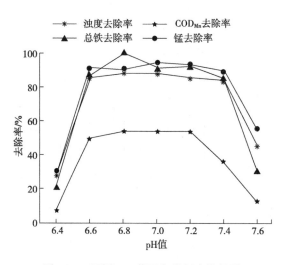

图 2-24 不同 pH 值下各指标去除效果

由图 2-24 可知，当 pH 值在 6.6～7.2 范围内，浊度、COD_{Mn}、总铁和锰的去除率平均值分别为 87.5％、52.85％、90.94％、92.5％，气浮出水浊度、COD_{Mn}、总铁和锰浓度分别为 0.733NTU、0.6mg/L、0.025mg/L、0.02mg/L，去除效果均达到最佳水平。当 pH 值降低或增加时，气浮处理效果均不理想。因此，新型气浮-沉淀工艺的气浮单元最佳 pH 值范围确定为 6.6～7.2。

2.3.2.3 进水量负荷

在实际工程中，进水条件的不确定性、一天中供水时段的差别、季节的改变、水泵检修等情况均使进水量处于不断变化中，而水量负荷的改变不仅会使气浮/沉淀工艺停留时间改变，还会对新型气浮-沉淀工艺设备造成一定的水力冲击影响。

调节设备进水量分别为 180m³/h、210m³/h、240m³/h 和 270m³/h，溶气压力为 0.3～0.4MPa，回流比为 9％，pH 值为 7.0 左右，混凝剂 PAC 投加量为 1.5mg/L。分别考察四种工况下气浮单元对原水浊度、COD_{Mn}、总铁及锰的去除效果，试验结果分别如图 2-25～图 2-28 所示。

由图 2-25 可知，气浮反应后，浊度总去除率随着 pH 值的增加呈先上升、后稳定的趋势。当进水量由 180m³/h 增加至 210m³/h 时，去除率由 29.7％迅速上升至 93.9％，气浮出水浊度由 4.8NTU 下降至 0.47NTU，一般来说，进水量越小，水中悬浮杂质颗粒越少，此时有足够的气泡与杂质颗粒黏附上浮，达到较好的气浮处理效果，

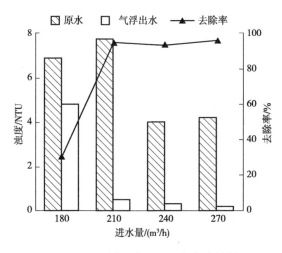

图 2-25　不同进水量下浊度去除效果

但是试验结果却相反，进一步分析原因，当进水量分别为 270m³/h、240m³/h、210m³/h 和 180m³/h 时，随着进水量减少，絮凝时间增加，形成的絮体粒径逐渐增大，超出气浮作用的最佳絮体粒径范围，黏附絮体的气泡不易上浮，因此，气浮处理效果较差。当进水量在 210～270m³/h 范围内，浊度去除率平均值为 94.1%，气浮出水浊度平均值为 0.32NTU，浊度去除效果较优。

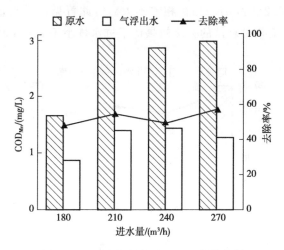

图 2-26　不同进水量下 COD_{Mn} 去除效果

由图 2-26 可知，气浮反应后，COD_{Mn} 总去除率随着进水量的增加整体变化幅度不大。当进水量为 180m³/h 时，去除率为 47.6%；当进水量继续增加至 210m³/h、240m³/h 和 270m³/h 时，COD_{Mn} 的去除率整体波动幅度不大，去除率分别为 54%、50% 和 56.8%，因此，气浮单元进水量在 210～270m³/h 范围内，COD_{Mn} 去除效果较好。

根据混凝剂对有机物的去除机理可知，随着混凝阶段水力停留时间的增加，有机物的去除率可能会适当提高，但对于气浮阶段，絮凝时间过长会导致生成的絮体粒径较大，不利于气浮作用。

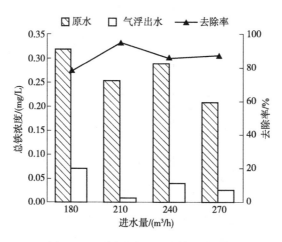

图 2-27　不同进水量下总铁去除效果

由图 2-27 可知，气浮反应后，总铁总去除率随着进水量的增加呈先上升、后略下降、再稳定的趋势。当进水量为 180m³/h 时，去除率为 78.1%，气浮出水总铁浓度为 0.07mg/L；增加进水量至 210m³/h，总铁去除率为 95.3%，气浮出水总铁浓度为 0.012mg/L，总铁去除效果达到最优；继续增加进水量至 240m³/h 和 270m³/h 时，总铁去除率分别为 86.2% 和 87.1%，相差不大。由此可见，进水量在 210～270m³/h 范围内变化时，气浮工艺对总铁的去除效果优于进水量小于 210m³/h 时的去除效果。

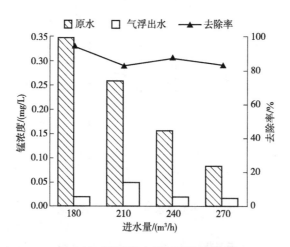

图 2-28　不同进水量下锰去除效果

由图 2-28 可知，气浮反应后，锰总去除率随着进水量的增加呈先下降、后稳定的趋势。当进水量为 180m³/h 时，锰去除率最高，达到 94.2%；当进水量在 210～270m³/h 范围内变化时，锰去除率相对稳定，去除率平均值为 83.6%，气浮出水锰浓度平均值为 0.027mg/L，气浮处理效果也较好。由此可见，进水量在 180～270m³/h 范围内变化时，气浮工艺对锰的去除效果均能达到较好的水平。

不同进水量下，新型气浮-沉淀工艺对各指标的综合去除效果如图 2-29 所示。

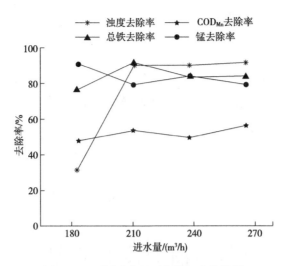

图 2-29　不同进水量下各指标去除效果

由图 2-29 可以看出，进水量的改变对原水浊度、COD_{Mn}、总铁和锰的去除效果都具有一定影响。当进水量在 $210 \sim 270m^3/h$ 范围内时，浊度、COD_{Mn}、总铁和锰的去除率平均值分别为 94.1%、53.6%、89.5%、83.6%，出水浓度平均值分别为 0.32NTU、1.37mg/L、0.026mg/L、0.027mg/L，气浮处理效果较好。当进水量低于 $210m^3/h$ 时，混凝阶段停留时间较长，生成的絮体颗粒较大，经过气浮单元时，不利于气泡黏附上浮，处理效果受到影响；当进水量在 $210 \sim 270m^3/h$ 时，混凝阶段停留时间相应缩短，速度梯度增加，产生的微涡旋作用会促使混凝剂和杂质颗粒混合更加均匀，同时随着水量的增加，气浮产生的微气泡与颗粒的碰撞作用也会增强，混凝作用进一步提高，因此，新型气浮-沉淀工艺的气浮单元对进水量负荷变化具有一定的抵抗力。根据试验的气浮实际出水效果，确定处理气浮单元水进量范围为 $210 \sim 270m^3/h$。

2.3.3　沉淀单元影响因素

试验期间原水水质情况见表 2-6。

表 2-6　试验期间原水水质

项目	水温/℃	pH 值	浊度/NTU	COD_{Mn}/(mg/L)	铁/(mg/L)	锰/(mg/L)
平均	19	6.0	6.8	1.51	0.341	0.269
最低	17	5.8	6.0	1.04	0.299	0.182
最高	20	6.3	8.0	1.38	0.690	0.345

2.3.3.1　混凝剂投加量

考察不同混凝剂投加量对新型气浮-沉淀工艺沉淀单元处理效果的影响。调节 pH 值为 7.0 左右，混凝剂 PAC 投加量分别为 2.6mg/L、3.0mg/L、3.4mg/L、3.8mg/L、4.2mg/L、4.6mg/L、5mg/L、5.4mg/L、5.8mg/L，九种工况下气浮单元对原水浊度、COD$_{Mn}$、总铁及锰的去除效果分别如图 2-30~图 2-33 所示。

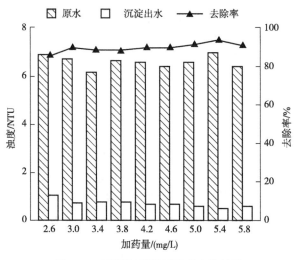

图 2-30　不同加药量下浊度去除效果

由图 2-30 可以看出，沉淀反应后，随着 PAC 投加量的增加，浊度总去除率呈先缓慢增加、再略下降的趋势。当混凝剂投加量由 2.6mg/L 增加至 5.4mg/L 时，浊度去除率由 85.1％上升至 93.4％；继续增加 PAC 投加量至 5.8mg/L 时，去除率下降至90.6％，下降趋势不明显；当混凝剂投加量分别为 5.0mg/L、5.4mg/L、5.8mg/L 时，去除率均达到 90％以上，出水浊度均低于 0.6NTU，沉淀单元对浊度的去除效果达到理想状态。随着 PAC 投加量的增加，水中的絮体颗粒逐渐增大，颗粒碰撞机会增加，使悬浮杂质、胶体颗粒的去除效果不断提高，沉淀单元对浊度去除效果较好；进一步增加投药量时，形成的絮体可能会出现复稳现象，絮凝效果下降，浊度开始上升。

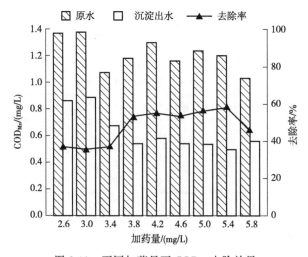

图 2-31　不同加药量下 COD$_{Mn}$ 去除效果

由图 2-31 可以看出，沉淀反应后，随着 PAC 投加量的增加，COD_{Mn} 总去除率呈先稳定、后缓慢上升、再下降的趋势。当 PAC 投加量在 2.6～3.4mg/L 范围内时，COD_{Mn} 去除率平均值为 36.6%，沉淀出水 COD_{Mn} 平均值为 0.81mg/L；当 PAC 投加量在 3.8～5.4mg/L 范围内时，去除率由 53.4% 增加至 58.1%，沉淀出水 COD_{Mn} 平均值为 0.54mg/L，沉淀处理效果较好；当 PAC 投加量继续增加至 5.8mg/L 时，去除率下降至 45.9%。因此，当 PAC 投加量在 3.8～5.4mg/L 范围内时，沉淀单元对 COD_{Mn} 去除效果最好。

混凝剂可以有效去除的有机物主要为悬浮态、胶态有机物，去除机理主要包括电性中和、吸附及沉淀等原理；溶解性有机物由于具有良好的亲水性，不易被去除，但混凝剂投加量增加时，不仅可以改变混凝剂水解产物形态、增加正电荷密度，形成大量的金属氢氧化物，还有助于提高有机物质子化程度、降低电荷密度，使其亲水性减弱，进而更容易被金属氢氧化物颗粒吸附沉淀，提高有机物去除率。

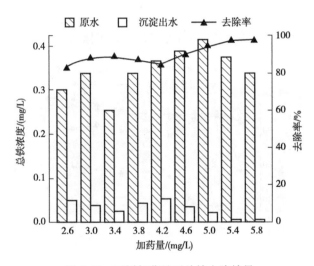

图 2-32　不同加药量下总铁去除效果

由图 2-32 可以看出，沉淀反应后，随着 PAC 投加量的增加，总铁总去除率呈先保持稳定、后上升的趋势。当 PAC 投加量在 2.6～3.4mg/L 范围内时，总铁去除率由 83.3% 上升至 89.3%；当 PAC 投加量由 3.4mg/L 增加至 4.2mg/L 时，总铁去除率由 89.3% 下降至 84.9%；当 PAC 投加量在 4.6～5.8mg/L 范围内时，总铁去除率均达到 90% 以上，沉淀出水总铁浓度均低于 0.036mg/L。因此，当 PAC 投加量在 4.6～5.8mg/L 范围内时，沉淀单元对总铁去除效果达到理想状态。

由图 2-33 可以看出，沉淀反应后，随着 PAC 投加量的增加，锰总去除率呈先迅速上升、后下降、再基本保持稳定的趋势。当 PAC 投加量由 2.6mg/L 增加至 3.0mg/L 时，锰去除率由 55.4% 迅速上升至 88.3%，此时沉淀出水锰浓度为 0.03mg/L，沉淀处理效果较好；继续增加投药量至 3.8mg/L 时，去除率平均值为 76.2%；当投药量在 3.8～5.8mg/L 范围内，锰去除率变化幅度不大，去除率平均值为 78.9%，沉淀出水锰浓度平均值达到 0.06mg/L，锰含量接近 0，因此，当 PAC 投加量在 3.8～5.8mg/L 范

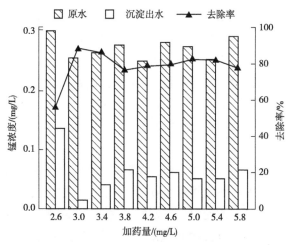

图 2-33　不同加药量下锰去除效果

围内，锰去除效果最好。

不同混凝剂投加量下，新型气浮-沉淀工艺对各指标的综合去除效果如图 2-34 所示。

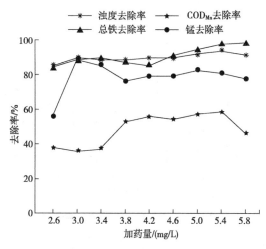

图 2-34　不同加药量下各指标去除效果

由图 2-34 可以看出，运行沉淀单元时，PAC 投加量的改变对原水浊度、COD_{Mn}、总铁和锰的去除效果均具有一定的影响。当 PAC 投加量在 5.0~5.4mg/L 范围内，浊度、COD_{Mn}、总铁和锰的去除率平均值分别为 91.7%、57.4%、95% 和 81.2%，沉淀出水各指标浓度平均值分别达到 0.52NTU、0.54mg/L、0.017mg/L 和 0.05mg/L，此时，沉淀单元对原水浊度、COD_{Mn}、总铁和锰的去除效果均达到较优水平；继续增加 PAC 投加量，去除率略下降。因此，新型气浮-沉淀工艺运行沉淀单元时，PAC 最佳投加量范围确定为 5.0~5.4mg/L。

随着加药量的增加，混凝作用不断加强，形成的絮凝体体积大而密实，更利于沉降，此时沉淀效果较好，当 PAC 投加量超出一定范围时，混凝作用下降，沉淀出水水质变差。

2.3.3.2　进水量负荷

合适的水力负荷有利于提高沉淀单元对污染物的处理效率，同时使设备运行过程更加稳定。过大或过小的处理水量不仅会影响沉淀的去除效果，还会对水处理设备造成损害或不能满足用户的日常需求，因此考察进水量负荷对新型气浮-沉淀工艺沉淀单元的影响是非常必要的。

调节 pH 值为 7.0 左右，混凝剂 PAC 投加量为 5.0mg/L，进水量分别为 150m³/h、180m³/h、210m³/h、240m³/h 和 270m³/h。五种工况下分别考察沉淀单元对原水浊度、COD_{Mn}、总铁及锰的去除效果，试验结果如图 2-35～图 2-38 所示。

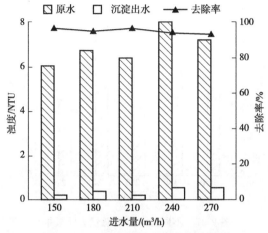

图 2-35　不同进水量下浊度去除效果

由图 2-35 可以看出，沉淀反应后，浊度总去除率曲线随着进水量的增加几乎没有变化。进水量分别为 150m³/h、180m³/h、210m³/h、240m³/h 和 270m³/h 时，浊度去除率分别为 96%、94.4%、96.3%、93.5%、92.7%，出水浊度分别达到 0.239NTU、0.375NTU、0.234NTU、0.516NTU、0.522NTU，由此可见，当进水量在 150～270m³/h 范围内变化时，沉淀单元对原水浊度的去除效果均达到较优水平。

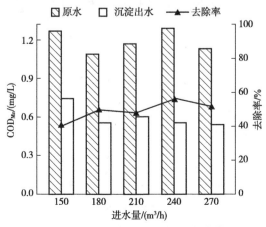

图 2-36　不同进水量下 COD_{Mn} 去除效果

由图 2-36 可以看出，沉淀反应后，沉淀单元对 COD_{Mn} 的去除率随着进水量的增加呈缓慢上升趋势。当进水量为 $150m^3/h$ 时，COD_{Mn} 去除率最低，为 40.8%；当进水量分别增加至 $180m^3/h$、$210m^3/h$、$240m^3/h$ 和 $270m^3/h$ 时，去除率分别为 49.4%、48%、57.2%、52.6%，沉淀出水 COD_{Mn} 浓度分别为 0.552mg/L、0.61mg/L、0.556mg/L、0.54mg/L，沉淀单元处理效果较好。

因此，进水量在 $180\sim270m^3/h$ 范围内变化时，对沉淀单元 COD_{Mn} 的处理效果影响较小，降低进水量时，COD_{Mn} 去除率下降。进水量减少到一定值时，有机负荷和水力负荷都较低，水流速度减慢，不利于混凝剂与有机物的混合、絮凝、吸附等作用。

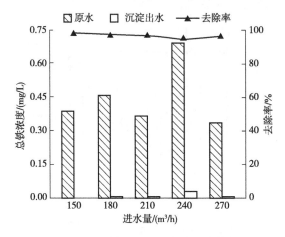

图 2-37   不同进水量下总铁去除效果

由图 2-37 可以看出，沉淀进行后，总铁总去除率随着进水量的增加呈先下降、后上升的趋势，去除率由 100% 下降至最低值 95.8% 后，略上升至 98.1%，变化趋势不明显；当进水量为 $240m^3/h$ 时，去除率下降至最低值，此时原水总铁浓度相对较高，导致沉淀出水总铁浓度均高于其他几组。因此，进水量在 $150\sim270m^3/h$ 范围内变化时，对总铁去除率影响较小，且去除效果均能达到理想状态。

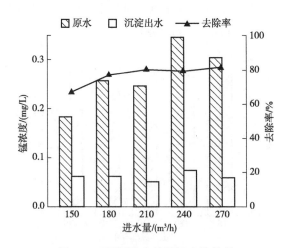

图 2-38   不同进水量下锰去除效果

由图 2-38 可以看出，沉淀反应后，锰总去除率随着进水量的增加呈缓慢上升趋势。当进水量为 150m³/h 时，锰去除率最低，为 66.5%；当进水量分别增加至 180m³/h、210m³/h、240m³/h 和 270m³/h 时，锰去除率分别为 76.2%、79.6%、78.8% 和 81.2%，出水锰浓度平均值为 0.06mg/L，锰去除效果较好。因此，当进水量在 180～270m³/h 范围内变化时，沉淀单元对锰均能取得较好的去除效果。沉淀单元不同进水量下各指标去除效果如图 2-39 所示。

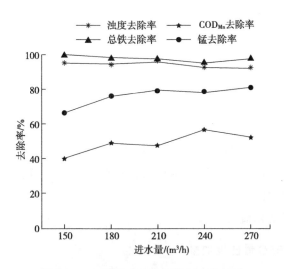

图 2-39 不同进水量下各指标去除效果

图 2-39 显示了不同进水量条件下，沉淀单元对浊度、COD_{Mn}、总铁和锰去除效果的综合影响。由图 2-39 可以看出，浊度和总铁的去除率整体变化幅度较小，而 COD_{Mn} 和锰的去除率则随着进水量的增加呈缓慢上升趋势。当进水量在 180～270m³/h 之间变化时，浊度、COD_{Mn}、总铁和锰的去除率平均值分别为 94.2%、51.8%、97.6% 和 79%，沉淀出水各指标浓度平均值分别为 0.412NTU、0.565mg/L、0.012mg/L 和 0.073mg/L，处理效果较好。因此，进水量在 180～270m³/h 范围内，沉淀单元对浊度、COD_{Mn}、总铁和锰的去除效果均能达到理想水平。

新型气浮-沉淀工艺斜板沉淀单元具有一定的水量负荷调节能力，由于设备设计流量接近 270m³/h，所以在低于设计流量一定范围内，斜板沉淀单元能充分发挥对絮凝体、大颗粒杂质的拦截作用，使处理效果保持相对稳定，当处理水量继续减小时，絮凝停留时间变长，混凝形成的絮体体积变大且结构松散，易破散，不易沉降，斜板沉淀池的拦截作用减弱，导致出水水质变差。

根据沉淀单元实际出水效果，确定进水量最佳范围为 180～270m³/h。

2.3.4 不同原水水质 PAC 最佳投加量

试验期间原水大部分时间处于低浊状态，但每逢夏季特大暴雨过后，随着雨水携带的灰尘、细菌等杂质以及大量泥沙流入水库，水库水的浊度突然升高，各指标的浓度也升高，原有的 PAC 投加量已经不能保证出水效果，因此需要改变 PAC 投加量来维持出水水质的稳定性。

在某次暴雨过后针对水质的突然变化进行了 PAC 投加量的试验。由于试验期间浊度均低于 30NTU，新型气浮-沉淀工艺主要运行气浮单元，试验期间原水水质指标见表 2-7。

表 2-7　试验期间原水水质指标

项目	水温/℃	pH 值	浊度/NTU	COD_{Mn} /(mg/L)	铁/(mg/L)	锰/(mg/L)	藻类 /(万个/L)
平均	22	5.9	15.1	2.03	0.470	0.670	405.5
最低	20	5.7	8.0	1.60	0.301	0.393	384.0
最高	23	6.4	26.5	2.59	0.650	1.130	430.0

由表 2-7 可以看出，暴雨过后，随着原水浊度的大幅增加，COD_{Mn}、总铁及锰浓度也出现一定程度的增加，其中锰浓度最大值达到 1.130mg/L，远高于水库水的正常水平，铁离子浓度最大值为 0.650mg/L。暴雨对水库水中藻类密度的影响相对较小，试验期间，藻类密度变化幅度不大。

2.3.4.1　不同浊度下 PAC 最佳投加量

调整试验期间气浮工艺的运行参数为：处理水量 270m³/h，回流比 9%，溶气压力 0.3~0.4MPa，pH 值 7.0 左右。分别考察不同原水浊度、COD_{Mn}、总铁、锰和藻类下 PAC 的最佳投加量，试验结果如图 2-40~图 2-44 所示。

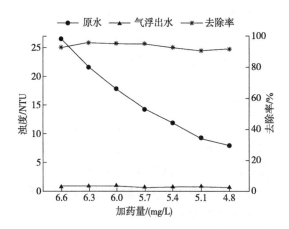

图 2-40　不同加药量下浊度去除效果

由图 2-40 可以看出，随着原水浊度的迅速降低，PAC 投加量需要不断减少，才能使浊度去除效果保持稳定。

当原水浊度分别为 26.45NTU、21.56NTU、17.8NTU、14.2NTU、11.99NTU、9.18NTU、8.02NTU，对应的 PAC 投加量分别为 6.6mg/L、6.3mg/L、6.0mg/L、

5.7mg/L、5.4mg/L、5.1mg/L、4.8mg/L 时，浊度去除率均达到 90％以上，出水浊度平均值为 0.89NTU，浊度去除效果较好。

浊度越高，水中悬浮杂质颗粒越多，需要的 PAC 投加量越多，同时需要的气泡数量也越多，而浊度去除率较高，说明当原水浊度在 8.02～26.45NTU 范围内变化时，改变 PAC 投加量为 4.8～6.6mg/L，新型气浮-沉淀工艺运行气浮单元可以有效控制出水浊度。

2.3.4.2　不同 COD_{Mn} 浓度下 PAC 最佳投加量

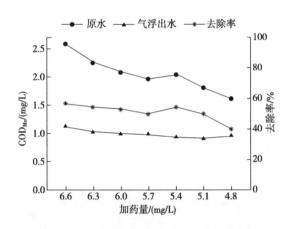

图 2-41　不同加药量下 COD_{Mn} 去除效果

由图 2-41 可以看出，PAC 投加量随原水 COD_{Mn} 浓度的降低相应减少时，COD_{Mn} 总去除率呈先下降、后上升、再下降的趋势。当原水 COD_{Mn} 总浓度为 2.59mg/L，PAC 投加量为 6.6mg/L 时，去除率达到最大值为 56.8％，处理效果最好；当原水 COD_{Mn} 浓度为 1.6mg/L，PAC 投加量为 4.8mg/L 时，COD_{Mn} 去除率最低为 40％，此时气浮出水 COD_{Mn} 为 0.96mg/L。

从结果可以看出，当原水 COD_{Mn} 浓度变化范围为 1.6～2.59mg/L，加药量范围为 4.8～6.6mg/L，COD_{Mn} 去除率变化范围为 40％～56.8％，出水 COD_{Mn} 浓度范围为 0.91～1.27mg/L，整体去除效果较好。

对于原水 COD_{Mn} 浓度的变化，PAC 对应的投加量可以有效降低原水 COD_{Mn} 浓度，取得较好的 COD_{Mn} 去除效果。

2.3.4.3　不同总铁浓度下 PAC 最佳投加量

由图 2-42 可以看出，PAC 投加量随原水总铁浓度的降低不断减少时，总铁总去除率呈先缓慢增加、再下降的趋势。

当原水总铁浓度由 0.65mg/L 下降至 0.528mg/L，PAC 投加量由 6.6mg/L 减少至 5.7mg/L 时，总铁去除率由 89.5％上升至 94.3％，气浮出水总铁浓度平均值为 0.049mg/L，气浮处理效果较好；当总铁浓度由 0.528mg/L 下降至 0.309mg/L，加药量由 5.7mg/L 减少至 4.8mg/L 时，总铁去除率虽然由 94.3％下降至 78％，但出水总

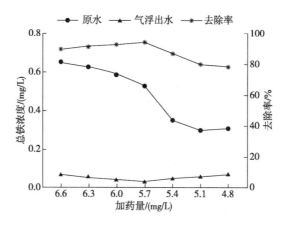

图 2-42   不同加药量下总铁去除效果

铁浓度依然较低，平均值为 0.051mg/L。因此，通过改变加药量，气浮单元可以有效降低原水中总铁浓度。

2.3.4.4   不同锰浓度下 PAC 最佳投加量

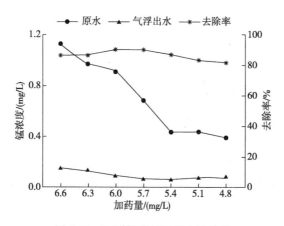

图 2-43   不同加药量下锰去除效果

由图 2-43 可以看出，PAC 投加量随原水锰浓度的大幅降低不断减少时，锰去除率呈先缓慢增加、再缓慢下降的趋势。

当原水锰浓度为 0.914mg/L、0.683mg/L，对应的加药量为 6.0mg/L、5.7mg/L 时，锰去除率分别为 90.8%、90.5%，气浮处理效果最好；当原水锰浓度分别为 0.433mg/L、0.435mg/L、0.393mg/L，对应的加药量为 5.4mg/L、5.1mg/L、4.8mg/L 时，锰去除率不断降低，分别为 88%、83.4%、81.7%，出水锰浓度平均值为 0.065mg/L，由于此时原水锰浓度变化幅度较小，而加药量降低幅度较大，导致去除率出现小幅度降低。

因此，当原水锰浓度范围为 0.433～0.393mg/L，PAC 投加量范围为 6.6～4.8mg/L 时，气浮出水锰浓度较低，气浮处理效果较好。

2.3.4.5　不同藻类密度下 PAC 最佳投加量

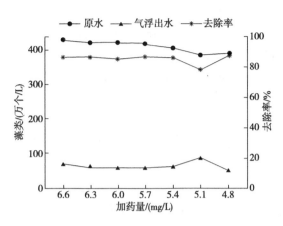

图 2-44　不同加药量下藻类去除效果

由图 2-44 可以看出，原水藻类密度受暴雨影响较小，变化范围为 384 万～430 万个/L，当 PAC 投加量由 6.6mg/L 减少至 5.4mg/L 时，藻类去除率相对稳定，平均值为 85.7%，气浮出水藻类密度平均值为 62 万个/L；继续减少加药量至 5.1mg/L，去除率降到最低值 77.2%，去除效果下降，说明此时的加药量对藻类的去除作用减弱；当加药量为 4.8mg/L 时，藻类去除率又上升至 87%。

原水藻类密度变化幅度小，随着 PAC 投加量的改变，气浮工艺对藻类的去除效果较好且基本保持稳定，说明当 PAC 投加量在 4.8～6.6mg/L 范围内变化时，对气浮工艺处理藻类的效果影响较小。

2.3.4.6　不同水质指标浓度下 PAC 最佳投加量

图 2-45 显示了当 PAC 投加量随原水水质改变时，气浮单元对各指标的综合去除效果。

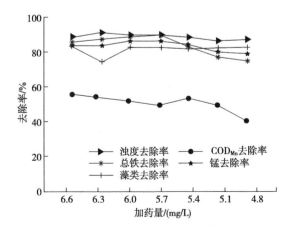

图 2-45　不同加药量下各指标去除效果

由图 2-45 可以看出，随着加药量的不断减少，原水浊度、COD_{Mn}、总铁、锰和藻类的去除率较高且基本保持稳定。试验过程中，浊度、COD_{Mn}、总铁、锰和藻类的平均去除率分别为 92.9%、51.2%、87.55%、87% 和 84.6%，各指标气浮出水浓度平均值分别为 0.89NTU、1.01mg/L、0.053mg/L、0.088mg/L 和 63.8 万个/L，可见，气浮单元对各指标的去除效果较好。

因此，当暴雨过后水库水质突然改变，浊度低于 27NTU 时，通过调节 PAC 投加量，新型气浮-沉淀工艺运行气浮工艺可以有效降低水库水中各指标的浓度，使气浮出水水质保持稳定；同时，当该工艺投入生产以后，面临类似水库水质变化时，可以参照上述试验结果来调节气浮工艺 PAC 投加量，以保证出水水质的稳定性及供水安全性。

总之，对新型气浮-沉淀工艺切换运行气浮单元或沉淀单元的影响因素进行生产性试验研究，分别考察了 PAC 投加量、pH 值、进水量负荷、原水水质变化对气浮单元处理效果的影响，以及 PAC 投加量、进水量负荷对沉淀单元处理效果的影响。调节 PAC 投加量分别为 0.7mg/L、0.9mg/L、1.1mg/L、1.3mg/L、1.5mg/L、1.7mg/L 和 1.9mg/L，综合考虑气浮单元对浊度、COD_{Mn}、总铁及锰的去除效果，进水量分别为 210m³/h、240m³/h 和 270m³/h 时对应 PAC 的最佳投加量均为 1.5mg/L。调节 pH 值分别为 6.4、6.6、6.8、7.0、7.2、7.4、7.6，综合考虑气浮单元对浊度、COD_{Mn}、总铁及锰的去除效果，确定最佳的 pH 值为 6.6~7.4。调节进水量分别为 180m³/h、210m³/h、240m³/h、270m³/h，综合考虑气浮单元对浊度、COD_{Mn}、总铁及锰的处理效果，确定最佳进水量范围为 210~270m³/h。调节 PAC 投加量分别为 2.6mg/L、3.0mg/L、3.4mg/L、3.8mg/L、4.2mg/L、4.6mg/L、5.0mg/L、5.4mg/L、5.8mg/L、6.2mg/L，综合考虑沉淀单元对浊度、COD_{Mn}、总铁及锰的去除效果，确定沉淀单元 PAC 的最佳投加量为 5.0~5.4mg/L。调节进水量分别为 150m³/h、180m³/h、210m³/h、240m³/h、270m³/h，综合考虑沉淀单元对浊度、COD_{Mn}、总铁及锰的处理效果，确定最佳进水量为 180~270m³/h。水库水浊度低于 27NTU 时，通过调节 PAC 投加量，新型气浮-沉淀工艺运行气浮单元可以有效降低水库水中各指标的浓度，使气浮出水水质保持稳定。

2.4 新型气浮-沉淀运行工艺

基于新型气浮-沉淀工艺气浮单元和沉淀单元的最佳运行工况，考察在最佳运行工况下，气浮单元和沉淀单元连续运行时对水库水各指标的综合处理效果，对气浮单元和沉淀单元的运行效果进行对比分析，并对新型气浮-沉淀工艺分别运行气浮单元或沉淀单元时，与滤池的组合工艺对水库水的处理效果。

2.4.1 水库净水厂运行工艺

水库净水厂净水工艺为混凝-絮凝-气浮沉淀-过滤-消毒，主体构筑物包括：网格絮凝池、新型气浮-沉淀池、单阀滤池等。主要生产构筑物规模见表 2-8。

表 2-8　主要生产构筑物规模

序号	构筑物	规模/m×m×m	备注
1	网格絮凝池	$L \times B \times H = 4.75 \times 4.5 \times 5.66$	与浮沉池合建
2	新型气浮-沉淀池	$L \times B \times H = 19.4 \times 4.5 \times 5.36$	与网格絮凝池合建
3	单阀滤池	$L \times B \times H = 5.0 \times 4.5 \times 3.55$	与浮沉池合建
4	吸水池	$L \times B \times H = 4.9 \times 2.5 \times 3.5$	与滤池共壁
5	高位清水池	$L \times B \times H = 10 \times 10 \times 3.3$	1 座

2.4.2　主要构筑物设计参数

（1）网格絮凝池

水厂设计流量为 6300m³/d，网格絮凝池总絮凝反应时间为 21min。絮凝区为前、中、后三段，每段设置 10 个竖井，前、中段分别设置两层网络和一层网格，后段不设网格。竖井之间孔洞流速均为 0.13m/s，过渡区宽 1.0m。絮凝池采用泥斗排泥。原水由絮凝区的穿孔花墙絮凝池的出水经过渡区穿孔花墙进入到新型气浮-沉淀池的气浮接触区。

（2）新型气浮-沉淀池

新型气浮-沉淀工艺沉淀单元为侧向流斜板沉淀池，共分为前缓冲区、斜板沉淀区、集泥区、后缓冲区和集水区五部分。沉淀区设置气浮与沉淀填料装置，斜板间距 50mm，板厚 1.0mm，板长 4m，斜板倾斜角度 60°，斜板装置属于无毒塑料板材，具有强度高、抗压能力强和清洗维修方便的优点。沉淀区表面负荷 4.87m³/(m²·h)，水平流速 4.68mm/s，停留时间 43min。在填料装置下方，设置阻流墙形成集泥区，底部设置集泥斗，集泥斗内的污泥通过排泥管流出。

气浮单元为气浮池，气浮池包括气浮接触区、分离区和集水区三部分。气浮池回流比为 9%，溶气压力为 0.3～0.4MPa，有效水深为 3.86m；气浮接触区面积为 5m²，上升流速为 16mm/s，接触区停留时间为 62.5s，接触区内均匀布置 TV 系列溶气释放器。分离区表面负荷为 4.47m³/(m²·h)，停留时间 51.8min。分离区底部设有阻流墙，气浮给水管布置在阻流墙上方，处理后的水通过布置在集水管两侧 45°位置的集水孔流出。

溶气回流系统各组成部分技术参数如表 2-9 所示。

表 2-9　溶气回流系统技术参数

溶气回流系统	序号	名称	参数
溶气释放装置	1	数量	6 个
	2	释放量	≥4.4m³/h
	3	作用直径	800mm

续表

溶气回流系统	序号	名称	参数
溶气释放装置	4	设备材质	S304 不锈钢
	5	运行溶气压力	0.25~0.45MPa
	6	释放气泡直径	20~30μm
	7	释放效率	≥98%
TR 型溶气压力溶气罐	1	数量	1 套
	2	溶气效率	≥99%
	3	填料	阶梯环、聚丙烯材质
	4	附件	带水位计、视镜、溶气压力表、液位控制器、安全阀、安装附件等
	5	过流密度	不小于150m³/(m²·d)
	6	工作介质温度	常温
	7	工作溶气压力	0.25~0.5MPa
	8	罐体直径	800mm
	9	罐体高度	3770mm
储气罐	1	数量	1 个
	2	工作介质温度	常温
	3	工作溶气压力	0.5~0.6MPa
	4	罐体直径	600mm
	5	罐体高度	2000mm
空压机	1	数量	2 台（一用一备）
	2	流量	0.45m³/min
	3	功率	4kW
	4	工作溶气压力	0.7MPa
	5	电机防护等级	IP54
	6	绝缘等级	F
钢丝绳牵引式刮泥装置	1	数量	1 台
	2	跨度	4400mm
	3	功率	0.75kW
	4	介质	气浮沉淀池沉泥
	5	池宽	4500mm
	6	行车速度	1m/min
	7	电机防护等级	IP55
	8	绝缘等级	F
	9	电压	380V
	10	形式	钢丝绳牵引式

续表

溶气回流系统	序号	名称	参数
刮渣装置	1	数量	1 套
	2	跨度	4500mm
	3	功率	1.1kW
	4	介质	气浮沉淀池浮渣
	5	池宽	4500mm
	6	行进速度	1～2m/min
	7	电机防护等级	IP55
	8	绝缘等级	F
	9	电压	380V
	10	形式	链轮驱动式

（3）单阀滤池

单阀滤池总过滤面积为 45m²，分为 2 个单池。原水经进水分配槽后，由进水管经顶盖下面的挡板均匀分布在滤料层上，设计滤速为 6.07m/h，强制滤速为 12m/h，单层细砂滤料滤层高度为 700mm，采用石英砂滤料，粒径 $d = 0.6～1.2$mm，不均匀系数 $K_{80} < 2.0$。水冲洗强度为 12L/(s·m²)，冲洗历时 5min，滤池的反冲洗周期为 48h。

（4）吸水池

吸水池的主要功能：一是作为滤后水提升泵的集水池，二是作为气浮系统回流水泵的集水池。吸水池容积为 93.33m³，液位高 3.05m，吸水泵吸水时间为 19.31min，吸水池与单阀滤池相同底标高，池子的长方向一侧与单阀滤池共壁。

（5）高位清水池

高位清水池主要功能是调节水量，并使滤后水与氯充分接触。高位清水池为方形水箱，有效水深 3.0m，有效容积为 300m³。高位清水池水箱的四个侧面及顶板都可以由模块组装成型，底部采用成型平底板置于间距槽钢上面，稳固又不变形。高位清水池出水采用重力流配水。

（6）加药、加氯

① 混凝剂选用液体 PAC，PAC 原液稀释倍数为 5～10 倍，最大加药量为 15mg/L，投药浓度 20%～30%（按液体 PAC 计算）。

加药泵溶气压力为 0.6MPa，功率 60W，一用一备。

溶药罐与加药罐合二为一，外形尺寸为直径 1.3m，高 1.75m，有效容积 2.0m³，搅拌设备采用 S304 不锈钢，功率为 1.1kW。原液储存罐 1 个，储存量按 1 个月计算，储存罐的原液通过倒药泵导入 PAC 溶药罐，倒药时间按 10min 计算，储存罐外形尺寸为直径 1.9m，高 3.26m，有效容积 8.0m³，倒药磁力泵流量 $Q = 22L/h$，泵扬程为 4m，功率 65W。

② 根据水库原水水质情况，需要添加纯碱，调节原水 pH 值。纯碱投药浓度 10%，加药量为 15.6L/h，溶药罐 3d 配药 1 次，按 15d 最大投加量储备固体纯碱。

加药罐外形尺寸为直径 1.0m，高 1.36m，有效容积 1.0m³，搅拌设备采用 S304 不锈钢，功率为 1.1kW。加药泵流量 $Q = 40L/h$，加药泵溶气压力为 0.8MPa，功率 60W，酸碱投加泵能耐酸碱，一用一备。

③ 滤后水消毒采用次氯酸钠消毒剂，次氯酸钠按有效氯 1～2mg/L 投加，投药浓度 45%；最大加药量为 15.4L/h（按液体次氯酸钠计算），溶药罐 1d 配药 1 次，按 15d 最大投加量储备液体次氯酸钠。

加药罐外形尺寸为直径 0.84m，高 1.16m，有效容积 0.5m³，搅拌设备采用 S304 不锈钢，功率为 1.1kW。次氯酸钠加药泵流量 $Q = 40L/h$，加药泵溶气压力为 0.8MPa，功率 60W，一用一备。

2.4.3 气浮单元运行效果

考察气浮单元在最佳运行工况下的连续运行效果。试验期间气浮单元运行参数为：进水量 270m³/h，混凝剂 PAC 投加量 1.5mg/L，回流比 9%，溶气压力 0.3～0.4MPa，pH 值 7.0 左右。运行期间原水水质见表 2-10。

表 2-10　试验期间原水水质

项目	水温/℃	pH 值	浊度/NTU	COD_{Mn} /(mg/L)	铁/(mg/L)	锰/(mg/L)	藻类 /（万个/L）
平均	22	6.1	7.26	1.62	0.45	0.31	201.9
最低	20	5.8	5.67	1.27	0.30	0.22	159.0
最高	25	6.2	10.46	2.11	0.62	0.48	275.0

2.4.3.1 浊度去除效果

气浮单元连续运行时，浊度的去除效果见表 2-11 和图 2-46。

表 2-11　气浮单元对浊度的去除效果

时间/d	原水浊度/NTU	出水浊度/NTU	去除率/%
1	5.67	0.25	95.6
2	6.14	0.50	91.9
3	5.76	0.32	94.4
4	9.30	0.88	90.5
5	9.00	0.89	90.1

续表

时间/d	原水浊度/NTU	出水浊度/NTU	去除率/%
6	10.40	0.70	93.3
7	7.45	0.45	94.0
8	5.92	0.38	93.6
9	7.22	0.37	94.9

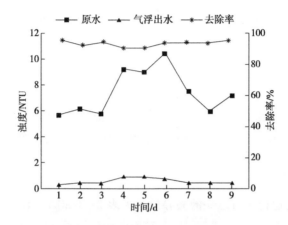

图 2-46 气浮单元对浊度的去除效果

原水浊度范围为 5.67~10.46NTU，平均值为 7.43NTU，气浮出水浊度范围为 0.25~0.89NTU，平均值为 0.53NTU，浊度去除率平均值达到 93.1%，可以看出，浊度整体去除率较高且相对稳定，气浮单元对水库低浊水的去除具有显著效果。

2.4.3.2 COD_{Mn} 去除效果

气浮单元连续运行时，COD_{Mn} 的去除效果见表 2-12 和图 2-47。

表 2-12　气浮单元对 COD_{Mn} 的去除效果

时间/d	原水 COD_{Mn}/(mg/L)	出水 COD_{Mn}/(mg/L)	去除率/%
1	1.30	0.58	55.4
2	1.57	0.78	50.3
3	1.89	0.92	51.3
4	1.94	0.96	50.5
5	1.55	0.79	49.0
6	1.68	0.82	51.2
7	1.47	0.68	53.7
8	1.72	0.77	55.2
9	1.94	0.84	56.7

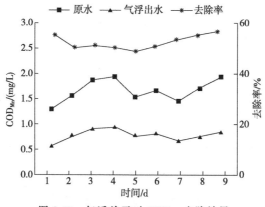

图 2-47　气浮单元对 COD_{Mn} 去除效果

图 2-47 中，原水 COD_{Mn} 浓度范围为 $1.30 \sim 1.94mg/L$，平均值为 $1.67mg/L$，气浮出水 COD_{Mn} 浓度范围为 $0.58 \sim 0.96mg/L$，平均值为 $0.79mg/L$，COD_{Mn} 去除率平均值为 52.6%。可以看出，气浮出水 COD_{Mn} 浓度较低且变化幅度较小，去除效果较好。

2.4.3.3　总铁去除效果

气浮单元连续运行时对总铁的去除效果见表 2-13 和图 2-48。

表 2-13　气浮单元对总铁的去除效果

时间/d	原水总铁/(mg/L)	出水总铁/(mg/L)	去除率/%
1	0.45	0.04	92.2
2	0.35	0.03	91.4
3	0.50	0.02	96.0
4	0.59	0.04	93.2
5	0.38	0.02	94.7
6	0.47	0.01	99.6
7	0.53	0.03	94.5
8	0.32	0.01	96.9
9	0.36	0.08	97.5

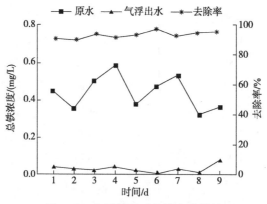

图 2-48　气浮单元对总铁去除效果

图 2-48 中，原水总铁浓度范围为 0.32～0.59mg/L，平均值为 0.44mg/L，气浮出水总铁浓度范围为 0.01～0.04mg/L，平均值为 0.03mg/L，总铁去除率平均值为 95.1%。可以看出，试验检测出的总铁浓度值均低于邻二氮杂菲分光光度计检测的最低限值（0.01mg/L），可认为原水中总铁几乎被完全去除。可见，气浮单元对总铁有较好的去除效果。

2.4.3.4　锰去除效果

气浮单元连续运行时，锰的去除效果见表 2-14 和图 2-49。

表 2-14　气浮单元对锰的去除效果

时间/d	原水锰/(mg/L)	出水锰/(mg/L)	去除率/%
1	0.32	0.04	87.5
2	0.28	0.02	94.3
3	0.39	0.02	94.8
4	0.40	0.03	92.5
5	0.43	0.05	88.4
6	0.33	0.02	93.9
7	0.30	0.02	94.0
8	0.29	0.01	96.6
9	0.32	0.03	91.0

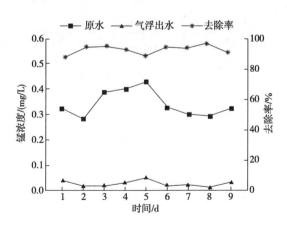

图 2-49　气浮单元对锰的去除效果

原水锰浓度范围为 0.28～0.43mg/L，平均值为 0.34mg/L，气浮出水锰浓度为 0.02～0.05mg/L，平均值为 0.03mg/L，锰去除率平均值为 92.6%。可以看出，气浮出水锰浓度均小于 0.05mg/L，气浮单元对锰的去除效果较好。

2.4.3.5　藻类去除效果

气浮单元连续运行时，藻类的去除效果见表 2-15 和图 2-50。

表 2-15 气浮单元对藻类的去除效果

时间/d	原水藻类/(万个/L)	出水藻类/(万个/L)	去除率/%
1	187.0	25.0	86.6
2	211.0	16.7	92.1
3	275.0	34.0	87.6
4	258.0	23.3	91.0
5	193.0	15.7	92.0
6	182.0	16.3	91.0
7	159.0	10.5	94.0
8	172.0	18.9	89.0
9	180.0	20.0	88.8

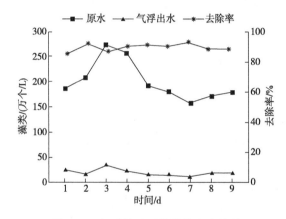

图 2-50 气浮单元对藻类的去除效果

原水藻类密度范围为 159.0 万～275.0 万个/L，平均值为 201.9 万个/L，气浮出水藻类密度范围为 10.5 万～25.0 万个/L，平均值为 20.0 万个/L，藻类去除率平均值为90.2%。可以看出，气浮单元对藻类的去除效果较好。

新型气浮-沉淀工艺运行气浮工艺时，对水库原水中浊度、藻类的去除率平均值都达到 90% 以上，原水中的总铁、锰都几乎被完全去除，同时 COD_{Mn} 的去除效果也十分良好，且运行效果稳定。

新型气浮-沉淀工艺运行气浮工艺时对水库低浊水可以取得较好的处理效果，从机理方面分析其原因如下。

(1) 气泡与絮凝体、杂质颗粒的黏附作用机理

气泡与絮体颗粒的黏附过程为：溶气释放器产生的气泡排开其与絮体、颗粒间的水分而相互靠近，使其外层的水化膜与凝体颗粒表面的水化膜相互接触，当气泡与絮体颗粒进一步靠近时，水化膜逐渐变薄直至破裂，此时气泡与絮体、杂质颗粒相互黏附，形

成固-液-气三相接触界面。

气泡与絮凝体、杂质颗粒的黏附结合作用机理主要包括：①气泡与絮粒的碰撞黏附；②絮粒对气泡的包卷、网捕和架桥；③气泡与絮粒间的共聚；④表面活性剂的参与。

气浮工艺中气泡与絮粒的碰撞黏附机理起到最主要的作用，其他几项机理也起到了一定的作用。其中，给水处理中不会投加表面活性剂，以免引入新的污染物，而原水中部分腐殖质类大分子有机物憎水性能较强，起到了类似表面活性剂的作用，可以在微气泡与絮体形成过程中直接吸附在气泡表面，既有利于提高微气泡的稳定性，又加大了水中有机物的去除率。

此外，由于溶气释放器不断向水中释放大量的微气泡，使水中絮体颗粒相互碰撞的概率大大增加，对水中的脱稳胶粒的絮凝具有强化作用，同时超饱和的溶气水也会含有过量的空气使之更易在悬浮有机颗粒（如藻类、细菌）的表面或胶体状天然有机物（NOM）的表面析出，随之上浮至水面而被去除。

气浮工艺除藻也遵循上述机理，形成气泡与藻类的絮凝体、颗粒等聚集体，上浮至水面被去除。因此新型气浮-沉淀工艺对原水中浊度、藻类、COD_{Mn} 等污染指标都具有较好的去除效果。

(2) 气浮与沉淀填料装置对气浮工艺的作用与影响机理

新型气浮-沉淀工艺的气浮池与标准的气浮池有所不同，是因为新型气浮-沉淀工艺气浮分离区内设置了气浮与沉淀填料装置，并在气浮与沉淀填料装置与气浮接触区之间设置了缓冲区，在气浮与沉淀填料装置上方设置了一定的淹没水深。当原水经过接触区，进入分离区时，会先经过缓冲区及淹没水深区，此时已经与气泡黏附的絮体颗粒和藻类在水的浮力作用下，迅速浮至水面，大部分絮体颗粒和藻类得以被去除。当原水进入气浮与沉淀填料装置区后，由于斜板间距较小，水流剪切作用加强，部分不能和气泡有效黏附的游离性藻类和微小絮体会发生二次絮凝，体积进一步增大，最终与微气泡再次碰撞黏附而被去除，提高出水水质。

少部分与气泡黏附的絮凝体和藻类聚集体在上浮过程中，会与填料斜板发生碰撞。若发生弹性碰撞，则会弹回水中继续上浮，不断重复此过程，直至浮至水面被去除，如图 2-51 所示。若发生非弹性碰撞，则会一直沿着斜板表面上浮至水面被去除，如图 2-52 所示。若碰撞导致气泡与絮凝体、藻类的聚集体破碎而发生分离，则气泡将继续上浮，絮凝体、藻类将沿填料斜板下滑至池底被去除，如图 2-53 所示。这也是实际运行中斜板处有气泡逸出，且池底有一定量积泥的原因。

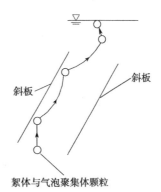

图 2-51　聚集体与填料斜板弹性碰撞示意

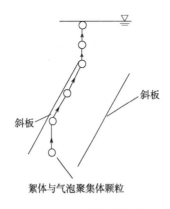

图 2-52 聚集体与填料斜板
非弹性碰撞示意

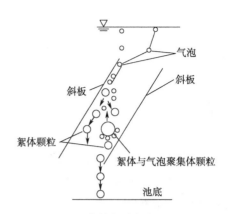

图 2-53 聚集体与填料斜板非弹性
碰撞泡絮分离示意

此外，气泡与絮凝体、藻类的聚集体在通过填料装置时，填料斜板也会对水流产生一定的摩擦阻力，但由于摩擦阻力较小，可以忽略。气泡与絮凝体、藻类聚集体的运动轨迹主要受到自身重力、水的浮力以及水流推动力所产生的阻力的影响。

因此，当气浮单元加入气浮与沉淀填料装置时，可以起到均匀布水的作用，使水流从接触区进入到分离区的紊动强度降低，避免由于水流紊动使颗粒上浮运动受到阻碍，进一步提高颗粒上浮效率，使气浮单元对浊度、藻类、有机物等污染物都具有更好的去除效果。

2.4.4 沉淀单元运行效果

考察沉淀单元在最佳运行工况下的连续运行效果。试验期间沉淀单元运行参数为：进水量 270m³/h，混凝剂 PAC 投加量 5.0mg/L，pH 值 7.0 左右。运行期间原水水质见表 2-16。

表 2-16 试验期间原水水质

项目	水温/℃	pH 值	浊度/NTU	COD_{Mn}/(mg/L)	铁/(mg/L)	锰/(mg/L)	藻类/(万个/L)
平均	23	6.1	7.43	1.67	0.44	0.34	203.8
最低	20	5.9	5.67	1.30	0.32	0.28	162.0
最高	24	6.2	10.46	1.94	0.59	0.43	278.0

2.4.4.1 浊度去除效果

沉淀单元连续运行时对浊度的去除效果见表 2-17 和图 2-54。

表 2-17 沉淀单元对浊度的去除效果

时间/d	原水浊度/NTU	出水浊度/NTU	去除率/%
10	5.67	0.91	84.0
11	7.24	0.67	90.7

续表

时间/d	原水浊度/NTU	出水浊度/NTU	去除率/%
12	5.34	0.69	87.1
13	8.21	0.94	88.6
14	10.33	0.95	90.8
15	9.12	0.87	90.4
16	7.34	0.88	88.1
17	5.97	0.83	86.0
18	6.11	0.77	87.4

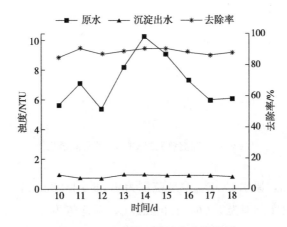

图 2-54　沉淀单元对浊度去除效果

图 2-54 中，原水浊度范围为 5.34～10.33NTU，平均值为 7.26NTU，沉淀出水浊度范围为 0.67～0.95NTU，平均值为 0.83NTU，浊度去除率平均值为 88.1%。沉淀单元对浊度具有较好的去除效果，出水浊度均低于 1NTU 且出水效果稳定。

2.4.4.2　COD_{Mn}去除效果

沉淀单元连续运行时，COD_{Mn}的去除效果见表 2-18 和图 2-55。

表 2-18　沉淀单元对 COD_{Mn} 的去除效果

时间/d	原水 COD_{Mn}/(mg/L)	出水 COD_{Mn}/(mg/L)	去除率/%
10	1.92	1.00	48.0
11	1.59	0.78	51.0
12	1.73	0.89	48.6
13	1.60	0.81	49.3
14	1.55	0.76	51.0

续表

时间/d	原水 COD_{Mn}/(mg/L)	出水 COD_{Mn}/(mg/L)	去除率/%
15	1.69	0.84	50.3
16	1.85	0.97	47.6
17	1.69	0.89	47.3
18	1.59	0.82	48.4

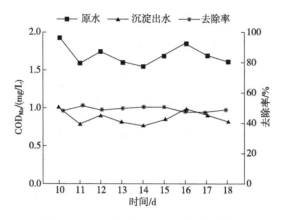

图 2-55 沉淀单元对 COD_{Mn} 的去除效果

由图 2-55 可知，原水 COD_{Mn} 浓度范围为 1.55～1.92mg/L，平均值为 1.69mg/L，沉淀出水 COD_{Mn} 浓度范围为 0.76～1.00mg/L，平均值为 0.86mg/L，COD_{Mn} 去除率平均值为 49.1%。随着原水 COD_{Mn} 浓度的变化，沉淀出水 COD_{Mn} 浓度较低且较稳定，去除效果较好。

2.4.4.3 总铁去除效果

沉淀单元连续运行时，总铁的去除效果见表 2-19 和图 2-56。

表 2-19 沉淀单元对总铁的去除效果

时间/d	原水总铁/(mg/L)	出水总铁/(mg/L)	去除率/%
10	0.58	0.06	89.7
11	0.32	0.01	97.5
12	0.36	0.02	96.1
13	0.50	0.05	90.0
14	0.33	0.01	98.2
15	0.38	0.01	97.6
16	0.42	0.04	90.4
17	0.31	0.01	97.1
18	0.44	0.04	91.6

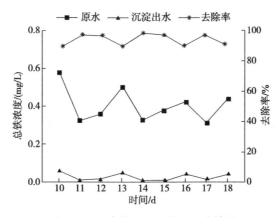

图 2-56　沉淀单元对总铁的去除效果

图 2-56 中，原水总铁浓度范围为 0.31～0.58mg/L，平均值为 0.4mg/L，沉淀出水总铁浓度范围为 0.01～0.06mg/L，平均值为 0.03mg/L，总铁去除率平均值为 94.2%。沉淀单元对总铁的去除率较高，原水中的总铁几乎被完全去除。

2.4.4.4　锰去除效果

沉淀单元连续运行时，锰的去除效果见表 2-20 和图 2-57。

表 2-20　沉淀单元对锰的去除效果

时间/d	原水锰/(mg/L)	出水锰/(mg/L)	去除率/%
10	0.33	0.06	81.8
11	0.19	0.05	73.4
12	0.23	0.04	82.6
13	0.30	0.09	70.0
14	0.18	0.02	88.9
15	0.24	0.036	85.0
16	0.19	0.03	84.2
17	0.27	0.06	77.7
18	0.34	0.07	79.4

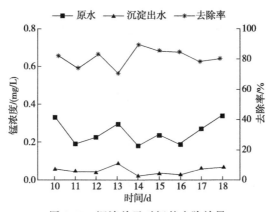

图 2-57　沉淀单元对锰的去除效果

图 2-57 中，原水锰浓度范围为 0.18～0.34mg/L，平均值为 0.25mg/L，沉淀出水锰浓度范围为 0.02～0.07mg/L，平均值为 0.05mg/L，锰去除率平均值为 80.3%，锰去除效果较优。

2.4.4.5 藻类去除效果

沉淀单元连续运行时，藻类的去除效果见表 2-21 和图 2-58。

表 2-21　沉淀单元对藻类的去除效果

时间/d	原水藻类/(万个/L)	出水藻类/(万个/L)	去除率/%
10	278.0	31.8	88.6
11	215.0	22.3	89.6
12	231.0	27.7	88.0
13	212.0	26.8	87.4
14	162.0	38.8	76.0
15	170.0	33.2	80.4
16	191.0	39.0	79.6
17	178.0	28.7	83.9
18	197.0	35.0	82.2

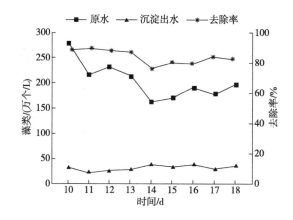

图 2-58　沉淀单元对藻类的去除效果

图 2-58 中，原水藻类浓度范围为 162.0 万～278.0 万个/L，平均值为 203.7 万个/L，沉淀出水藻类浓度范围为 26.8 万～39.0 万个/L，平均值为 25.5 万个/L，藻类去除率平均值为 84.0%。

沉淀出水藻类数量较少，沉淀单元对藻类的去除效果较好。经过絮凝后的藻类，在絮凝剂的作用下形成藻类絮凝体，在侧向流斜板沉淀池内，在重力的作用下，藻类絮凝体、藻类颗粒以及水中悬浮颗粒沉淀到斜板后，再沿斜板下滑至池底被去除。

新型气浮-沉淀工艺运行沉淀工艺时，出水浊度均小于 1NTU，原水中的总铁几乎被完全去除，出水 COD$_{Mn}$、锰和藻类浓度都较低，沉淀工艺对各指标去除效果较好且运行效果稳定。

2.4.5　气浮和沉淀单元运行效果对比

为了比较新型气浮-沉淀工艺在低浊情况下运行两种工艺对水库水的处理效果，将两种工艺处理浊度、COD_{Mn}、总铁、锰和藻类的试验结果进行了对比分析。试验结果分别如表 2-22、图 2-59～图 2-63 所示。

表 2-22　新型气浮-沉淀工艺分别运行气浮与沉淀单元的平均去除率

单元	气浮					沉淀				
指标	浊度	COD_{Mn}	总铁	锰	藻类	浊度	COD_{Mn}	总铁	锰	藻类
去除率/%	93.1	52.6	95.1	92.6	90.3	88.1	49.1	94.2	80.3	84.0

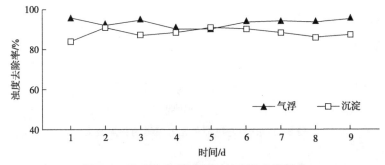

图 2-59　气浮与沉淀单元对浊度的去除效果

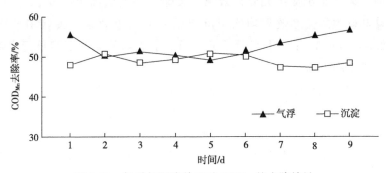

图 2-60　气浮与沉淀单元对 COD_{Mn} 的去除效果

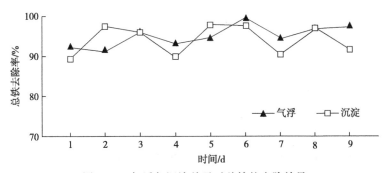

图 2-61　气浮与沉淀单元对总铁的去除效果

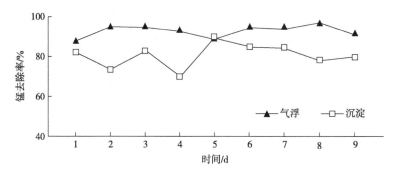

图 2-62　气浮与沉淀单元对锰的去除效果

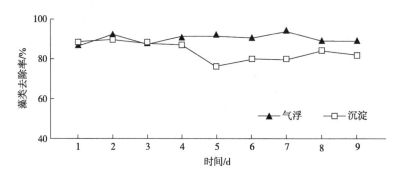

图 2-63　气浮与沉淀单元对藻类的去除效果

由表 2-22 和图 2-59～图 2-63 可以看出，在低浊情况下，新型气浮-沉淀工艺运行气浮单元除浊效果优于沉淀单元除浊效果，去除率平均值高出约 5%；运行气浮工艺对 COD_{Mn}、锰和藻类的去除效果均优于沉淀单元的去除效果，去除率平均值分别高约 3.5%、12.3% 和 6.3%；运行气浮单元对总铁的去除效果与沉淀单元去除效果相差不大，平均去除率高出约 0.9%。

与运行沉淀单元相比，新型气浮-沉淀工艺运行气浮单元能够更好地去除原水中的浊度、COD_{Mn}、总铁、锰和藻类，使出水水质进一步提高，大大减轻了滤池的负担，延长滤池的反冲洗周期。同时，相比于沉淀单元，气浮单元所需投药量也相对较低，可以减少药耗，使水厂生产成本降低。因此，新型气浮-沉淀工艺运行气浮单元时对 4～8 月份"低浊、高藻"的水库水质特点具有更好的适用性。

2.4.6　组合工艺运行效果

新型气浮-沉淀工艺切换运行气浮单元或沉淀单元对水库水均能取得较好的处理效果，气浮单元或沉淀单元属于整体工艺中的单元处理工艺，而净水厂在实际生产运行时，进入供水管网的水为整体工艺出水。因此，主要考察在气浮单元或沉淀单元的最佳运行工况下，与滤池的组合工艺对水库水的处理效果。

工艺一：网格絮凝反应池→新型气浮-沉淀池（运行气浮单元）→单阀滤池→消毒

工艺二：网格絮凝反应池→新型气浮-沉淀池（运行沉淀单元）→单阀滤池→消毒

分别连续运行两种组合工艺，检测滤池出水水质，比较两组组合工艺对原水浊度、
COD_{Mn}、总铁、锰和藻类去除效果，试验结果如表 2-23 和表 2-24 所示。

表 2-23　工艺一对各指标的去除率

运行时间/d	去除率/%				
	浊度	COD_{Mn}	总铁	锰	藻类
1	98.4	58.5	100.0	93.8	92.5
3	97.9	53.4	100.0	97.4	93.1
5	98.2	51.6	100.0	94.6	95.8
7	98.6	50.4	100.0	100.0	96.2
9	98.7	57.2	100.0	96.2	93.7

表 2-24　工艺二对各指标的去除率

运行时间/d	去除率/%				
	浊度	COD_{Mn}	总铁	锰	藻类
10	97.4	51.1	100.0	90.2	94.4
12	98.2	51.6	100.0	91.3	95.5
14	96.3	53.5	100.0	92.7	95.8
16	98.7	49.3	100.0	90.7	92.5
18	98.5	52.3	100.0	88.2	93.1

由表 2-23、表 2-24 可以看出，两种组合工艺过滤后对水库水各指标的去除率均达
到较高水平。其中，气浮单元与滤池组合工艺对浊度、COD_{Mn}、总铁、锰和藻类的去除
率平均值分别为 98.4%、54.2%、100.0%、96.4% 和 94.3%，各指标出水浓度平均值
分别为 0.11NTU、0.72mg/L、0mg/L、0.02mg/L 和 13.0 万个/L；沉淀单元与滤池
组合工艺对浊度、COD_{Mn}、总铁、锰和藻类的去除率平均值分别为 97.8%、51.6%、
100.0%、90.6% 和 94.3%，各指标出水浓度平均值分别为 0.13NTU、0.84mg/L、
0mg/L、0.03mg/L 和 16.4 万个/L。

出水经絮凝反应池-新型气浮-沉淀工艺气浮单元/沉淀单元-滤池组合工艺处理后，
各指标浓度较原水初始浓度都大大降低，污染物去除效果较好，出水水质达到《生活饮
用水卫生标准》（GB 5749—2006）。

总之，新型气浮-沉淀工艺运行气浮单元时，对浊度、COD_{Mn}、总铁、锰和藻类的
去除率分别达到 93.1%、52.6%、95.1%、92.6% 和 90.3%，去除效果较好。新型气
浮-沉淀工艺运行沉淀单元时，对浊度、COD_{Mn}、总铁、锰和藻类的去除率分别达到
88.1%、49.1%、94.2%、80.3% 和 84.0%，去除效果较好。与沉淀单元去除率相比，
气浮单元对浊度、COD_{Mn}、总铁、锰和藻类的去除率分别高出约 5.0%、3.5%、
0.9%、12.3% 和 6.3%。考虑去除效果和生产成本等因素，气浮单元对水库 4~8 月份

的"低浊、高藻"水质特点具有更好的适用性。气浮单元与滤池组合工艺对浊度、COD_{Mn}、总铁、锰和藻类的去除率分别为 98.4%、54.2%、100.0%、96.4% 和 94.3%；沉淀单元与滤池组合工艺对浊度、COD_{Mn}、总铁、锰和藻类的去除率分别为 97.8%、51.6%、100.0%、90.6% 和 94.3%，两种组合工艺对水库水各指标的去除效果均达到理想状态。

第 **3** 章

洪水期突发微生物污染
处理技术与工艺

目前，我国水污染治理取得了重要进展，但仍然存在突发性水污染事故的影响。随着生活饮用水卫生标准的全面提升，水质指标增加了消毒副产物、微生物及有毒有害有机物等数十项指标，对饮用水处理提出了新的要求。城市供水行业必须增强应急处理能力，保证供水区域用水安全、保障居民身体健康。

3.1 水中常见病原微生物

水中常见病原微生物包括病原菌、病毒、病原性原生动物（原虫及蠕虫）三大类。水是这些致病菌的重要传播途径。一般而言，消毒工艺对细菌的灭活效果较好，病毒次之，原生动物最差。

（1）病原菌

人们对饮用水中污染物的认识最早是从致病细菌开始的。基于这一认识，人们采取了许多卫生和净化手段以减少致病细菌的威胁，介水传染病的发病率大幅降低。尽管人类在控制饮用水传播致病性生物方面已经取得很大的成就，但生物导致的饮用水污染事件在发达国家和发展中国家都时有暴发。

饮用水系统中可能会出现的致病菌包括军团菌、分枝杆菌、空肠弯曲杆菌、致病性大肠杆菌、铜绿假单胞菌、蜡样芽孢杆菌、志贺氏菌属、霍乱弧菌、小肠结肠炎耶尔森菌、气单胞菌属等。

军团菌系需氧革兰氏阴性杆菌，以嗜肺军团菌最易致病，能引起以发热和呼吸道症状为主的疾病，是一种广泛存在于自然界中的机会致病菌，能在 $0\sim63℃$、pH 值为 $5.0\sim8.5$、含氧量 $0.2\sim15mg/L$ 的水中存活，其最适宜的生长温度是 $35\sim37℃$。军团菌属现有 50 个种，3 个亚种，其中约 20 种可引起人的军团菌病。由于军团菌普遍存在于自然水体之中，所以军团菌可以随原水进入供水系统。进入供水系统的军团菌不仅可以长期存活，而且可以大量繁殖。军团菌的耐氯性较高，一般给水处理的余氯量可能不足以将其杀灭。同等剂量的游离氯对军团菌的灭活效果比对大肠杆菌约低 2 个数量级。军团菌在世界卫生组织《饮用水水质标准》（第三版）中被列入 12 种水源性病原细菌之一，并明确其具有高度（最高级）的卫生学意义。军团菌还被列入美国的法律强制实施的基本标准——《国家饮用水基本规范》，规定其最大污染水平的控制目标为零。我国也有专家呼吁在饮用水标准中增加军团菌指标。

致病性大肠埃希氏菌通常称为大肠杆菌，是人类和大多数温血动物肠道中的正常菌群，但也有某些血清型的大肠杆菌可引起不同症状的腹泻。与人类疾病有关的致病性大肠埃希氏菌可以分为：肠产毒性大肠埃希氏菌（ETEC）、肠侵袭性大肠埃希氏菌（EIEC）、肠致病性大肠埃希氏菌（EPEC）、肠出血性大肠埃希氏菌（EHEC）、肠集聚性大肠埃希氏菌（EAEC）五类。致病性大肠埃希氏菌可通过污染饮水、食品、娱乐水体、湖水及其他地表水等造成传播，引起疾病暴发流行。人感染大肠杆菌后会出现胃痛、呕吐、腹泻和发热等症状。病情严重者，可危及生命，尤其是老人和孩子。致病性大肠埃希氏菌在供水系统中可以存活较长时间，氯消毒可以有效灭活该病原菌。

1989 年，在美国密苏里州发生的一起 O157：H7 大肠杆菌感染暴发，共发病 240 多人。调查表明，该起疾病暴发是由于饮用水水源被污染，加强饮用水源消毒管理后，疫情得到了控制。1989 年 12 月至 1990 年 1 月，加拿大某镇发生了一起 O157：H7 大肠杆菌感染暴发。在 2000 多名居民中，发病 243 人，发病率 11.6%，经证实为水源性暴发，因天气寒冷，供水管道堵塞，导致市政供水系统受污染。1996 年，日本发生肠道出血性大肠杆菌感染事件，由于生食被致病性大肠杆菌通过污水污染的萝卜苗，导致 9000 名儿童被感染。2000 年，加拿大安大略省沃尔克顿镇山洪暴发造成病菌感染饮用水，引起了加拿大历史上最严重的大肠杆菌传染，造成 5000 多人染病，7 人死亡。

志贺菌也称志贺氏菌或者痢疾杆菌，引起细菌性痢疾，在我国居腹泻的第一、第二位。志贺氏菌是一类不能运动、不产生芽孢的革兰氏阴性杆菌，好氧或兼性厌氧，适温 37℃，是导致人和其他哺乳动物典型细菌痢疾的病原菌。在敏感人群中很少数量的个体就可以致病，故水中浓度不高时亦有可能引起人群感染。志贺氏菌侵入肠黏膜组织并释放内毒素引起症状。潜伏期为 10～14h。症状为剧烈腹痛、腹泻（水样便，可带血和黏液）、呕吐、脱水、发热，严重者出现痉挛和休克。饮水或食物污染了志贺氏菌后可引起细菌性痢疾流行。志贺氏菌在环境中生存亦受多种因素影响，与污染程度、温度和 pH 值有关，在水中存活时间较长，在河水中可达 4d，在冰冻的河流中生存达 47d，在海湾水中 13℃时可生存 25d，而在 37℃时仅可生存 4d。美国近三十几年来此类发病率呈上升趋势，我国也有较多感染病例报道。氯消毒可以有效灭活该病原菌。

分枝杆菌是一类细长略弯曲的，可呈分枝状生长的杆菌，在分类学上已将分枝杆菌属归纳于放线菌中。主要特点是细胞壁含有大量脂质，主要是分枝菌酸。分枝杆菌包括结核分枝杆菌和非结核分枝杆菌，其中人类致病性分枝杆菌属有 50 多种。分枝杆菌引起的临床综合病症包括：肺部疾病、淋巴结炎、皮肤软组织及骨骼感染、免疫功能损伤者导致有关的血流感染以及艾滋病患者播散性疾病等。由于结核杆菌细胞壁除了一般革兰氏阳性菌和阴性菌的细胞膜和肽聚糖层以外，还富含疏水分枝菌酸、长链分枝羟基脂肪酸、特殊脂类和糖脂，对恶劣环境和氯等消毒剂的抵抗力较其他细菌强。

空肠弯曲杆菌引起弯曲杆菌感染，系常见人畜共患疾病，是人类肠炎的重要致病菌，在腹泻患者中的分离率已不亚于沙门氏菌和志贺氏菌。菌体轻度弯曲似逗点状，在暗视野镜下观察似飞蝇。有荚膜，不形成芽孢。最适温度为 37～42℃。在正常大气或无氧环境中均不能生长，是牛、羊、狗动物及禽类等的正常寄居菌。可通过分娩或排泄物污染食物和饮水，是由污染的牛奶、饮用水、未煮熟的家畜、家禽肉传播的细菌。在未经处理的地表水、受污染的地下水中均有检出，在山区的山涧溪流中也有检出。其数目与细菌总数、总大肠菌群数之间没有相关性。人群普遍易感，5 岁以下儿童的发病率最高，夏秋季多见。空肠弯曲杆菌有内毒素能侵袭小肠和大肠黏膜引起急性肠炎，亦可引起腹泻的暴发流行或集体食物中毒。该病菌对氯消毒耐受力较强，需要严格监控。

1983 年 5 月，美国佛罗里达州发生一起事件，急性胃炎病人 865 例，患者粪便中检出空肠弯曲杆菌，原因是供水塔无顶，鸟类栖息在塔上，鸟粪污染了水塔中的水。我国曾报道由空肠弯曲杆菌引起的传染病，对公众健康影响较大。

蜡样芽孢杆菌是芽孢杆菌属中的一种，菌体细胞杆状，末端方，成短或长链，孢子呈椭圆形。蜡样芽孢杆菌是一种需氧、有芽孢、无荚膜的革兰氏阳性杆菌。蜡样芽孢杆菌是典型的菌体细胞，部分菌株能产生肠毒素，会导致人体食物中毒，其症状为恶心、呕吐以及腹痛。在普通琼脂平板培养基上，37℃，培养 24h，可形成圆形或近似圆形、质地软、无色素、稍有光泽的白色菌落（似蜡烛样颜色），直径 5～7mm。在甘露醇卵黄多黏菌素琼脂基础培养基上生长更旺盛，菌落直径达 8～10mm，质地更软，挑起来呈丝状，培养时间稍长，菌落表面呈毛玻璃状，并产生红色色素。在蛋白胨酵母膏平板上菌落为灰白色，不透明，表面较粗糙，似毛玻璃状或融蜡状，菌落较大。蜡状芽孢杆菌细菌对外界有害因子抵抗力强，分布广，生长温度范围 20～45℃，10℃以下生长缓慢或不生长。存在于土壤、水、空气以及动物肠道等处。芽孢抵抗力强，能耐受 100℃高温 30min。

其他病原菌还包括能引起肠胃炎的小肠结肠炎耶尔森菌、引起腹泻的气单胞菌属等。

（2）病毒

病毒结构非常简单，只含有简单的一种核酸（DNA 或 RNA），由蛋白质外壳和内部的遗传物质组成，不能独立生存，专性寄生在活的敏感宿主体内，不仅能够通过突变适应，还可以通过重组和重配来适应，因此，可以感染新宿主并适应新环境。它的复制、转录和转译的能力都是在宿主细胞中进行，利用细胞中的物质和能量完成生命活动，按照它自己的核酸所包含的遗传信息产生和它一样的新一代病毒。病毒无法通过一般的光学显微镜看到，必须在电子显微镜下才能看到。病毒能够通过细菌过滤器。

环境中对人体健康造成威胁的常见病毒是肠道病毒。肠道病毒的传播以与寄主直接接触为主，但也能通过饮水、游泳、气溶胶和食物传播。在环境中存活时间较长，在人和动物的粪便、生活污水中或地表水中均可检出病毒。肠道病毒还发现于河流、湖泊、地下水以及未经处理和已处理的饮用水中。

常见的人肠道病毒包括肝炎病毒、脊髓灰质炎病毒、柯萨奇病毒、轮状病毒等。

肝炎病毒是指引起病毒性肝炎的病原体。目前已发现的肝炎病毒有 6～7 型，包括：甲型肝炎病毒（HAV）、乙型肝炎病毒（HBV）、丙型肝炎病毒（HCV）、丁型肝炎病毒（HDV）、戊型肝炎病毒（HEV）、庚型肝炎病毒（HGV）、输血传播病毒（TTV）。经肠道传播，即粪口途径传播的病毒性肝炎主要有甲型病毒性肝炎和戊型病毒性肝炎。甲型肝炎病毒可在污水和甲型肝炎患者粪便中存活较长时间，通过水体、粪便途径传播，能引起水源性疾病的暴发流行。肝炎病毒对氯的抵抗力较一般肠道致病菌要高。

脊髓灰质炎病毒可引起脊髓灰质炎，又称小儿麻痹症，可危害中枢神经系统。脊髓灰质炎病毒在自然环境中生命力较强，在粪便及污水中可存活数月，在酸性环境中较稳定，对胃酸及胆汁抵抗力较强。各种氧化剂，如高锰酸钾、双氧水、漂白粉等可使之灭活。对紫外线、干燥、热敏感，加热 56℃ 持续 30min 可被灭活。

柯萨奇病毒的形态结构、细胞培养特性、感染和免疫过程与脊髓灰质炎病毒相似，分布广，人类感染机会较多，主要经粪口途径及呼吸道传播。

轮状病毒是一种双链核糖核酸病毒，属于呼肠孤病毒科。轮状病毒多流行于秋冬季，潜伏期 2～4d。轮状病毒是引起人和动物急性腹泻的主要病原体。由污染水引起腹泻流行，发病集中，症状明显，易于受到注意，国内外均有报道。

肠道病毒的浓度在污水处理、稀释、自然灭活和饮用水处理中会被减少甚至灭活，当污水严重污染供水系统时，会导致水体病毒传染病的暴发。各种病毒对消毒剂的抵抗力不尽相同，但是病毒对消毒剂的抵抗力普遍强于细菌，水处理消毒工艺必须注意对病毒的灭活效果。

美国要求水处理工艺对肠道病毒有超过 99.99％的去除率或灭活率，其中消毒工艺应保证 99％以上的灭活率。

（3）病原性原生动物

水中病原性原生动物主要是隐孢子虫、贾第鞭毛虫和溶组织阿米巴原虫，会引起胃肠疾病（如呕吐、腹泻和腹部绞痛），多与水井污染、地面水未处理、水厂过滤系统不可靠有关。

隐孢子虫是一种肠道原虫，属隐孢子虫科、隐孢子虫属。宿主吞食环境中的卵囊而感染隐孢子虫病。隐孢子虫病是一种人畜共患疾病，人群对隐孢子虫普遍易感。很多国家报道从天然水体中检测到隐孢子虫。患隐孢子虫病的动物或人的粪便如果污染了饮水或饮水水源，则可导致隐孢子虫病的暴发流行。隐孢子虫卵囊能抵抗多种消毒剂，1mg/L 臭氧处理 5min 或 1.3mg/L 二氧化氯处理 1h 后，可使 90％以上的卵囊丧失活性，而 80mg/L 的氯和 80mg/L 的一氯胺要作用 90min，才能使 90％的卵囊失活。常规的水过滤处理方式与装置难以将其除掉，但是在 65℃ 以上加热 30min 可使其感染力消失，因此在隐孢子虫病流行的地区，应提倡饮用煮沸的开水。隐孢子虫广泛存在于牛、羊等动物中，亦为人体重要寄生孢子虫。该虫会引起免疫缺陷人群发生严重的病情甚至死亡，对免疫功能正常的人也是一种重要的腹泻病原体。美国要求水处理工艺对隐孢子虫的去除率或灭活率达到 99％以上，对贾第鞭毛虫的去除率或灭活率达到 99.9％。我国生活饮用水卫生标准要求每 10L 水中不得检出。

　　贾第鞭毛虫常寄生在人体小肠、胆囊主要在十二指肠，该虫生活史中有滋养体和包囊两个不同的发育阶段，包囊在环境可存活较长时间，水中可存活两个月以上。贾第鞭毛虫具有致病力，人感染贾第鞭毛虫后可引起腹痛、腹泻和吸收不良等症状，本病主要通过粪便排出的包囊污染饮水、食物及食具而经口感染，也可经粪—手—口途径感染。近 20 年来，此病在欧美许多国家曾多次暴发流行，所致疾病也不断有报道。兰氏贾第鞭毛虫胞囊对氯及其他化学消毒剂的抗药性极强，消毒灭活的效率低，过滤作为主要的去除屏障，去除率可达 99％。虽然大肠杆菌类或浊度的去除百分数可作为胞囊的去除百分数的指示数，但不能作为灭活的参数。

　　阿米巴原虫也称痢疾变形虫，可引起人畜疫病，以肠道为主，也可进入肝、肺、脑引起肝脓肿、肺脓肿及脑膜炎等。更重要的是，越来越多细菌被发现能与阿米巴虫共生，在其体内生存和繁殖并受到保护，氯化消毒也难以杀灭其孢囊，对消毒剂有较强抗性。至今已经发现阿米巴虫的共生菌有嗜肺军团菌、肺炎衣原体、副衣原体等多种病原体。传播途径主要通过水污染传播，偶尔通过食物传播。在天然水体中可存活 6 个月之久，因此被称为微生物界的"特洛伊木马"，大大增加了饮用水的卫生风险。

　　血吸虫是人畜互通寄生虫。一般来说，急性血吸虫感染以夏季最为常见。其储存宿主种类较多，主要有牛、猪、犬、羊、马、猫及鼠类等 30 多种动物。血吸虫病是由于人或哺乳动物感染了血吸虫所引起的一种疾病。人得了血吸虫病会严重损害身体健康。凡是生活在血吸虫病流行区或到过疫区的人，如果接触过疫水，都有感染血吸虫的可能。当出现皮疹、发热、腹痛、腹泻、乏力、肝脏不适等症状时，就应该提高警惕防止人畜粪便污染水源，保护水源，改善用水卫生，采取灭螺等措施以切断传播途径，尽量避免接触疫水，必须接触时应采取个人防护措施。

　　总之，随着环境和生活方式变化，人与微生物的关系也在变化。因环境条件变化和人的抵抗力下降而使原来无病原性微生物所引起的感染症增加，即无病原性微生物变为病原体。来自人类粪便的病原微生物以及人、畜共患的感染症比以前有所增多。饮用水中存在诸如病毒和病原原生动物（隐孢子虫、贾第虫等）之类的微生物，即使含量很少，只要有单个病原体进入人体就会感染患病，这要比饮用水中存在微量有机污染物对人体的危害更大。

　　20 世纪以来，饮用水生物污染问题日益严重，各地微生物污染事件频繁发生。目前除了对众所周知的水致传染病表示关注外，饮用水中不断发现新的对人类造成重大危害的病原微生物，如大肠杆菌 O157：H7、军团菌、隐孢子虫和柯萨奇病毒等，由于环境污染日益加剧，还会产生一些新的病原微生物，危害人类健康。控制饮用水的生物风险是保障饮用水安全工作的重中之重。

3.2 化学消毒法

　　据报道，发生在美国的 623 起介水传染病有高达 27.3％的案例是因消毒不当引起。对我国集中式给水污染事件原因进行分析，其中水源被污染占 70％，管网被污染占

25%，贮水池被污染占 4%。

水中微生物往往会黏附在悬浮颗粒上，因此给水处理中的混凝沉淀和过滤在去除悬浮物、降低水的浊度的同时也去除了大部分微生物（包括病原微生物）。但是，消毒工艺作为生活饮用水安全、卫生的最后保障，必不可少。

当消毒与其他前处理方法结合使用时，其他处理方法是将病原体从水中分离出来，消毒则为将残余的病原体灭活在水中，整个过程是去除与灭活的过程。

消毒的作用必须一直保持到用水点处，以维持饮用水在输送过程中的微生物质量。为防止通过饮用水传播疾病，必须做到：加强水源地卫生防护措施，防止含有病原体的粪便和生活污水等各类污水污染水源水体，保证饮用水源的安全；加强饮用水的净化和消毒管理，不可未经必要的净化和消毒措施，即供给居民饮用；加强饮用水在输配水和储水过程中的管理，防止由于管网渗漏、出现负压等原因，重新被病原体污染；防止二次供水被病原体污染，储水设施必须定期清洗、消毒及检测。总之，消毒环节是保障饮用水生物安全的重要屏障。

目前，灭活致病微生物采用的消毒方法主要是化学消毒法和物理消毒法。化学消毒主要有氯消毒、二氧化氯消毒、臭氧消毒、氯胺消毒。不同化学消毒剂的特点详见表3-1。

表 3-1　不同化学消毒剂的特点

评价指标	臭氧	二氧化氯	氯
设备可靠性	好	好	好
技术相对复杂程度	复杂	一般	简单
安全风险	一般	有	有
杀菌效果	好	好	好
杀灭病毒效果	好	一般	一般
灭活原生动物的效力	一般	良好	良好
是否产生有害健康的副产物	部分	部分	是
持续消毒时间	无	一般	长
是否和氨反应	否	否	是
是否受 pH 值影响	轻微	轻微	是
工艺的运行控制	发展中	发展中	发展成熟
运行和维护的劳动强度	高	一般	低
应用范围	集中式供水	中小型水厂	集中式和分散式供水
成本	较高	较高	低

注：所有化学药剂的配制均要求用塑料容器和塑料工具。

目前，我国以地表水为水源的自来水厂常规水处理工艺是混凝—沉淀—过滤—消毒。可以有效去除构成水中浑浊度的悬浮物与胶体，同时可以去除水中的致病微生物。

我国《生活饮用水卫生标准》(GB 5749—2006) 要求,饮用水必须经过消毒处理,消毒是杀菌去除病毒的关键环节。并规定了氯及游离氯制剂、氯胺、臭氧、二氧化氯等常用化学消毒方式的使用要求,包括消毒剂的余量控制要求和与水的接触时间,通过控制 CT 值(消毒剂剩余浓度和接触时间的乘积)来实现对微生物的灭活。饮用水常用消毒剂及对微生物消毒灭活的 CT 值见表 3-2。

表 3-2　饮用水消毒剂常规指标要求及 CT 值

消毒剂名称	与水接触时间/min	出厂水中余氯量/(mg/L)	CT 值/(mg·min/L)	出厂水中限值/(mg/L)	管网末梢中余氯量/(mg/L)
游离氯	30	0.3	9	4	0.05
一氯胺	120	0.5	60	3	0.05
臭氧	12	—	—	0.3	0.02
二氧化氯	30	0.1	3	0.8	0.02

病毒对消毒剂的抵抗力受到许多因素的影响,如水温、pH 值、消毒剂类型等,即 CT 值的确定与上述因素密切相关。WHO《饮用水水质标准》等文献给出了常用消毒剂在不同环境条件下灭活 2lg 的病毒所需 CT 值见表 3-3。lg 表示数量级,减少 1lg 表示减少 1 个数量级。

表 3-3　不同消毒剂对病毒灭活的 CT 值

消毒剂名称	病毒对数灭活率/lg	CT 值/(mg·min/L)	环境条件
游离氯	2	2~30	0~10℃,pH 值为 7~9
氯胺	2	3810~6480(轮状病毒)	5℃,pH 值为 8~9
二氧化氯	2	2~30	0~10℃,pH 值为 7~9
臭氧	2	0.006~0.2	—

在病毒灭活能力方面,臭氧最强,自由氯其次,二氧化氯次之,而氯胺很差,紫外线消毒对病毒的灭活效果与病毒种类密切相关。采用氯胺消毒的水厂,应先用自由氯在清水池进行充分接触消毒,在出厂前加氨形成氯胺。水厂应加强对管网及末梢余氯的检测,保证管网中的余氯量,有利于保证自来水的生物安全性。选择适宜的消毒剂,并且投加量和接触时间是保证微生物有效灭活的重要条件,水厂运行中可以用剩余消毒剂的浓度进行简易指示和运行控制。

3.3　水库汛期原水水质

辽宁省辽河流域主要包括辽河、浑河、太子河、鸭绿江水系,辽宁省地表水水源以水库水居多,其中大伙房水库供水规模最大。

大伙房水库位于浑河上游,是浑河水系与鸭绿江水系多水源汇合而成,流域控制面

积 $5437km^2$，水库面积约为 $60km^2$，总库容 $21.8 \times 10^8 m^3$，调节水量 $11.72 \times 10^8 m^3$。大伙房水库为辽宁省中南部七座重点城市的饮用水供水安全提供保障，输水距离达 260.8km，供水地区人口约 2300 万。

大伙房水源属于典型的北方水库水，季节性污染特征明显。夏季汛期洪水暴发，水体呈现高浊度状态，浊度甚至高达 1000NTU、细菌等污染物浓度超标，冬季水温降低至 $2 \sim 4℃$、浊度较低，属于低温超稳定等水质特性。2015 年 1 月，大伙房水源出现了非典型大肠杆菌，是大伙房水库输水工程实施后，第一次出现的饮用水源生物性新问题。甚至，在水库水长距离输水过程中，水中季节性出现浮游生物。根据大伙房水库 2005～2018 年的水质资料，汇总大伙房水库汛期原水水质见表 3-4。

表 3-4 大伙房水库汛期原水水质

氨氮 /(mg/L)	COD_{Mn} /(mg/L)	浊度/NTU	UV_{254}/cm⁻¹	温度/℃	pH 值	大肠杆菌 /(CFU/100mL)	细菌总数 /(CFU/mL)
0.19～0.35	3.2～4.5	950～1000	0.12～0.23	21～25	7～8	5.2×10^4（均值）	1.26×10^5（均值）

应对水库水季节性变化特征，解决供水区域的实际问题，寻求在突发污染事故时去除污染物指标的同时，有效控制消毒副产物和灭活微生物的方法与应急技术，从预氧化处理、强化混凝以及联合消毒的改进处理工艺出发，谋求工艺的优化和处理结果的提升，应对突发性水污染事故，变临时被动处置为提前主动准备，开发应急处理技术和工艺，建立健全应急处理设施，全面提升应对突发污染事件的能力，对保障水质安全、有效降低饮用水水污染事故的发生概率具有重要意义。

3.4 预氧化

试验用原水按照汛期大伙房原水水质配置，试验原水水质指标见表 3-5，试验用水中微生物量见表 3-6。

表 3-5 试验原水水质指标

氨氮/(mg/L)	COD_{Mn}/(mg/L)	浊度/NTU	UV_{254}/cm⁻¹	温度/℃	pH 值
0.16～0.39	2.9～5.1	850～1250	0.10～0.28	20～27	7～8

表 3-6 预氧化阶段汛期原水微生物量

大肠杆菌 /(CFU/100mL)	金黄色葡萄球菌 /(CFU/mL)	枯草芽孢杆菌 /(CFU/mL)	蜡样芽孢杆菌 /(CFU/mL)
5.7×10^5	3.2×10^5	4.9×10^5	4.1×10^5

向原水水箱分别投加易被灭活或不易被灭活的细菌及混合在一起的混合菌，作为微生物的指示指标，如：大肠杆菌、金黄色葡萄球菌、蜡样芽孢杆菌、枯草芽孢杆菌及混

合菌（4 种细菌）。

大肠菌群并不是细菌学中的分类命名，不能表示一个或某一种细菌，仅仅指定一些带有特性与粪便污染相关的细菌，细菌在血清学和生化方面并不是完全相同的，其定义为：兼性厌氧以及需氧、在 37℃能分解乳糖产酸产气的革兰氏阴性无芽胚杆菌。在一般情况下，细菌菌群包含阴沟肠杆菌、柠檬酸杆菌、产气克雷伯氏菌和大肠埃希氏菌等。

枯草芽孢杆菌是一种单个细胞大小为 $(0.7\sim0.8)\mu m \times (2\sim3)\mu m$ 的芽孢杆菌属，着色均匀，能运动，周生鞭毛，无荚膜。芽孢为 $(0.6\sim0.9)\mu m \times (1.0\sim1.5)\mu m$，形状类似椭圆，位于菌体中央或稍偏，芽孢形成后菌体不膨大。菌落表面粗糙不透明，污白色或微黄色，在液体培养基中生长时，常形成皱醭，属于需氧菌，可利用蛋白质、多种糖及淀粉，分解色氨酸形成吲哚。广泛分布在土壤及腐败的有机物中，易在枯草浸汁中繁殖。

葡萄球菌属至少包括 20 种，其中金黄色葡萄球菌是人类接触的一种重要病原菌，引起许多严重感染。典型的金黄色葡萄球菌为球形，直径 $0.8\mu m$ 左右，显微镜下排列成葡萄串状。金黄色葡萄球菌无芽孢、鞭毛，大多数无荚膜，革兰氏染色阳性，是一种不利于人体健康的细菌。

分别采用二氧化氯、次氯酸钠以及高锰酸钾药剂对微生物进行预氧化灭活，试验主要研究二氧化氯、次氯酸钠、高锰酸钾在预氧化阶段投加量以及处理效果。药剂与原水反应 30min 后，取水样检测大肠杆菌、金黄色葡萄球菌、蜡样牙孢杆菌、枯草芽孢杆菌及混合菌，根据处理后的数据加以分析，确定预氧化阶段的最佳工艺参数。

通过六联搅拌器烧杯小试的方法完成预氧化静态试验。投加预氧化剂到原水中，搅拌器以 100r/min 搅拌，持续 5min；调节转速 50r/min，持续 25min。预氧化剂投加后与待测水样反应 30min，取处理后的水样检测大肠杆菌数、菌落总数、药剂剩余量以及副产物指标，根据处理后的数据加以分析，确定最佳试验预氧化条件。微生物灭活率计算方法为：

$$灭活率 = \lg\frac{N_0}{N}$$

式中　N_0——处理前水样中细菌数量；

　　　N——处理后水样中细菌数量。

灭活率值越大表示微生物被灭活的数量越多。

3.4.1　次氯酸钠预氧化

次氯酸钠属于高效的含氯消毒剂。含氯消毒剂的杀菌作用包括次氯酸的新生氧作用和氯化作用，其中次氯酸的氧化作用是主要的。首先，次氯酸钠杀菌最主要的作用方式是通过它的水解作用形成次氯酸，次氯酸再进一步分解形成新生态氧，新生态氧的极强氧化性使菌体和病毒的蛋白质变性，从而使病原微生物致死。

其次，次氯酸在杀菌、杀病毒过程中，不仅可作用于细胞壁、病毒外壳，而且因次氯酸分子小，不带电荷，还可渗透入菌（病毒）体内与菌（病毒）体蛋白、核酸和酶等发生氧化反应或破坏其磷酸脱氢酶，使糖代谢失调而致细胞死亡，从而杀死病原微生物。不同次氯酸钠投加量对微生物的灭活效果见图 3-1。

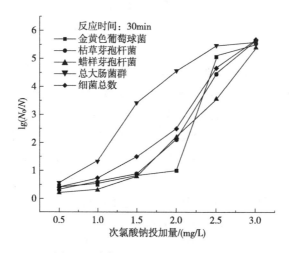

图 3-1　次氯酸钠对微生物灭活效果

次氯酸钠投加量为 2.5～3.0mg/L 时，除了蜡样芽孢杆菌不易被灭活外，次氯酸钠对其他水中微生物均有较好的灭活效果，微生物的灭活率达到 3.5～5.6。

次氯酸钠的浓度越高，杀菌作用越强。同时，次氯酸产生出的氯离子还能显著改变细菌和病毒体的渗透压，使其细胞丧失活性。

3.4.2　二氧化氯预氧化

二氧化氯化学性质活泼，易溶于水，在 20℃下溶解度为 107.98g/L，是氯气的溶解度的 5 倍，氧化能力为氯气的 2 倍。二氧化氯在水中几乎 100% 以分子状态存在，易透过细胞膜，二氧化氯在水溶液中的氧化还原电位高达 1.5V，其分子结构外层存在一个未成对电子-活泼自由基，具有很强的氧化作用，通过强氧化性杀灭微生物。其杀菌作用主要是通过渗入细菌及其他微生物细胞内，与细菌及其他微生物蛋白质中的部分氨基酸发生氧化还原反应，使氨基酸分解破坏，进而控制微生物蛋白质合成，最终导致细菌死亡。

二氧化氯对细胞壁有较好的吸附和透过性能，可有效地氧化细胞内含巯基的酶。除对一般细菌有杀死作用外，对芽孢、病毒、藻类、铁细菌、硫酸盐还原菌和真菌等均有很好的杀灭作用。二氧化氯对病毒的灭活作用在于其能迅速地对病毒衣壳上的蛋白质中的酪氨酸起破坏作用，从而抑制了病毒的特异性吸附，阻止了对宿主细胞的感染。不同浓度二氧化氯对微生物的灭活效果见图 3-2。

二氧化氯投加量在 2.5～3.0mg/L 时，细菌灭活率达到 4.8～5.6，可见，二氧化氯对水中微生物有较好的灭菌效果。

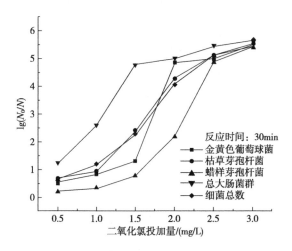

图 3-2　二氧化氯对微生物灭活效果

3.4.3　高锰酸钾预氧化

高锰酸钾是氧化剂，当它遇到有机物时即释放出初生态氧和二氧化锰，而无游离状氧分子放出，故不出现气泡。初生态氧有杀菌、除臭、解毒作用，高锰酸钾抗菌除臭作用比过氧化氢溶液强而持久。投加不同浓度高锰酸钾对微生物灭活效果见图 3-3。当高锰酸钾投加量为 3.0mg/L 时，对各细菌的灭活效果仅达到 0.8～3.2，除菌效果非常不理想。

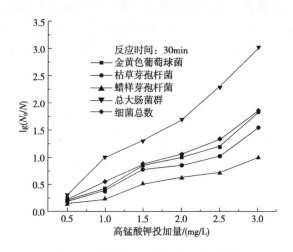

图 3-3　高锰酸钾对微生物灭活效果

3.4.4　最佳预氧化工艺参数

二氧化氯和次氯酸钠投加量为 2.5～3.0mg/L 时，原水中微生物的灭活均有良好效果，细菌灭活率均能达到 3.5～5.6。高锰酸钾仅在 3.0mg/L 时对各细菌的灭活率达到 0.8～2.2，高锰酸钾投加量高且效果不明显。

选取次氯酸钠或二氧化氯作为预氧化剂对原水进行预氧化处理，处理后的原水再进行强化混凝试验。投加不同浓度的次氯酸钠、二氧化氯，氧化后药剂剩余量和副产物量见图 3-4。

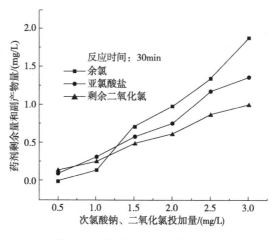

图 3-4　药剂剩余量和副产物量

由图 3-4 可知，当次氯酸钠和二氧化氯投加量为 2.5～3.0mg/L 时，原水处理后的剩余量以及副产物量较高，副产物亚氯酸盐及剩余二氧化氯均超出了标准值（出厂水亚氯酸盐标准值小于 0.7mg/L，出厂水剩余二氧化氯标准值 0.1～0.8mg/L）；投加量为 1.5mg/L 时，亚氯酸盐含量在标准值边缘，微生物的灭活率达到 0.8～4.6，有的细菌灭活量接近一半或超过半数。所以，选取次氯酸钠或二氧化氯作为预氧化剂，投加量为 1.5mg/L，对原水进行预氧化处理，处理后的原水进行强化混凝试验。

3.5 强化混凝

目前国内给水厂绝大多数采用常规水处理工艺，即混合—絮凝—沉淀—过滤—消毒，以黏土胶体颗粒和致病细菌为主要去除对象。常用的混凝剂主要有铝盐和铁盐。

在水源受到污染的情况下，对照日趋严格的水质标准，常规净水处理工艺越来越多地表现出某些不适应性。出现突发污染事件时，常规净化工艺不能有效去除污染物，导致出水水质不能满足要求，甚至出水色度大、有臭味，细菌总数超标。存在的主要问题有：过度增加投氯量以及不能有效去除藻类，导致自来水有氯臭味和泥腥味，嗅阈值较高，口感不好；由于混合效果不好、絮凝不完全，矾花偏细偏小，密实性差，沉淀池出现"跑矾花"现象；工艺可靠性不够，遇到进水流量变化较大或原水水质变化较大时，出厂水水质缺乏保证；药剂种类单一，一些水厂混凝剂品种几乎几十年不变，很少两种药配合使用，也很少采用助凝剂或助滤剂；出厂水生物稳定性较差，管网腐蚀问题比较突出；出厂水水藻含量高，藻毒素对人体健康具有潜在风险；常规工艺去除氨氮、亚硝酸盐、高锰酸盐指数的能力有限；不少水厂出厂水污染物致突变检测（Ames）试验呈阳性，水质安全性受到质疑。

强化常规净水工艺的目的就是围绕以上工艺和水质问题，在不增加新的单元处理和构筑物的前提下，通过对混合、反应、沉淀、过滤、消毒等常规单元工艺的强化及优化，最大程度地发挥常规处理工艺的效果，或使其具有某种新的处理功效，以达到提高出水水质和降低后续深度处理负荷的目的。

与活性炭吸附和膜技术等深度处理技术相比，强化常规工艺不需大量资金与占地，工程实施的周期短、见效快、运行费用低，经济实用，是适合我国国情的改善饮用水水质的重要途径。

传统意义上，在混凝阶段主要去除的污染物是颗粒物，主要的评价指标是浊度。混凝是混凝剂、水体颗粒物和其他污染物及水体基质在一定的水力条件下快速反应的过程，其中包括混凝剂的水解、聚合，与污染物电中和、粘接架桥形成絮体，污染物的包裹、吸附、沉降等过程，对几乎所有的污染物都有一定的去除作用。天然有机物在水体中广泛存在，不仅产生色、臭、味等方面问题影响水质，而且在水处理工艺中增大药剂的消耗，更重要的是在氯化消毒过程中生成的消毒副产物（DBP），如 THM_s、HAA_s 等，会对人体健康产生影响。

夏季洪水期，水源水浑浊度发生剧烈变化，当浊度达到 500～800NTU 以上时，原水中含砂量会比较高，自然沉淀时浑液面沉速很低，因此往往需要采用混凝沉淀。应对高浊度水使用的混凝剂，需要具有较高的聚合度、较大的分子量和较长的分子链。采用聚丙烯酰胺等高分子混凝剂可适应含砂量达 $100～150kg/m^3$ 的高浊度水。

以夏季高浊水库水为研究对象，采用不同混凝剂配合高分子助凝剂的方式，使用六联搅拌机进行强化混凝试验，寻求混凝剂与助凝剂最佳组合方式及投加量。首先进行不同混凝剂投加量的试验研究，确定最佳投加量；再配合不同助凝剂，确定最佳助凝剂投加量。

3.5.1　不同混凝剂最佳投加量

根据汛期原水水质，利用人工湖泥配制试验原水，浊度在 800～1250NTU 之间。向原水投加混凝剂，搅拌器以 250r/min 搅拌，维持 1min；调节转速为 80～100r/min，持续 5min；再调节转速为 40～60r/min，持续 10min。待水样静沉 15min 后，取上清液测试浊度。

根据原水高浊度的特点，选择聚合氯化铝（PAC）、三氯化铁（$FeCl_3$）、硫酸铝 $[Al_2(SO_4)_3]$、硫酸亚铁（$FeSO_4$），聚合硫酸铝铁（PAFS）、聚合硫酸铁（SPFS）为混凝剂，不同投加量对浊度去除效果见图 3-5。

不同混凝剂不同投加量下，汛期高浊度水库水浊度去除效果有明显差异。混凝剂 PAC 和铁盐对浊度处理效果较好，故选取 PAC、$FeSO_4$、$FeCl_3$、SPFS 这四种混凝剂配合不同的助凝剂对原水进行进一步处理，最佳药剂投加量依次为：PAC 60～100mg/L，$FeSO_4$ 50mg/L，$FeCl_3$ 40mg/L，SPFS 40mg/L。去除率均接近或达到

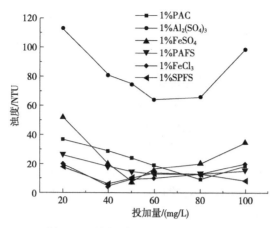

图 3-5　不同投加量对浊度去除效果

98％，剩余浊度小于或接近 5NTU，为后续滤后水出水浊度小于 1NTU，特殊情况小于 3NTU，提供了有效保障。

3.5.2　不同助凝剂最佳投加量

通过混凝试验，确定 PAC、$FeSO_4$、$FeCl_3$，SPFS 为混凝剂，并确定了最佳投加量范围。为提高混凝效果、有效降浊，选择聚丙烯酰胺（PAM）、海藻酸钠、粉末活性炭作为助凝剂，分别与上述混凝剂共同作用对原水进行净化处理，以选择适合的助凝剂，确定助凝剂的最佳投加量，确定应对洪水期高浊度水的混凝工艺运行参数。

原水浊度 800～1250NTU，试验先投加混凝剂，搅拌速度 280～300r/min，搅拌时间 30s～1min；再投加助凝剂，搅拌时间 30s～1min；转速 80～100r/min，持续 5min；再调节转速到 40～60r/min，持续 10min；静沉 15min；取上清液测试剩余浊度。

PAM 对浊度去除效果见图 3-6。海藻酸钠对浊度去除效果见图 3-7。粉末活性炭对浊度去除效果见图 3-8。

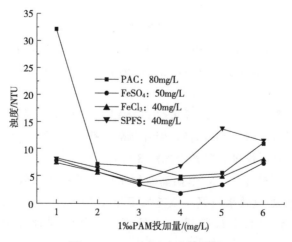

图 3-6　PAM 对浊度去除效果

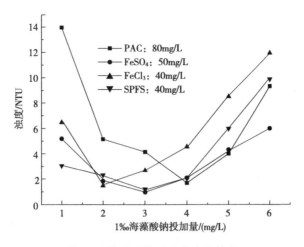

图 3-7　海藻酸钠对浊度去除效果

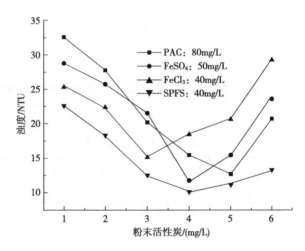

图 3-8　粉末活性炭对浊度去除效果

　　由图 3-6～图 3-8 可知，PAM 与不同混凝剂作用的降浊处理效果不及海藻酸钠，铁盐与海藻酸钠对浊度的处理效果好于 PAC 与海藻酸钠，处理后的最低浊度均接近于 1NTU，且消耗量也较少，处理高浊度水时，铁盐比铝盐的效果好。铁盐适应水体的 pH 值范围广（4～11，最佳 6～9），净化后水体 pH 值及总碱度变化幅度小。

　　粉末活性炭与不同混凝剂作用的处理效果不及海藻酸钠和 PAM，处理后的最低浊度均接近于 10NTU，且消耗量也较多。粉末活性炭需要一定的吸附时间（通常在 30min 以上），吸附时间越长，粉末活性炭的吸附性能发挥越充分，吸附去除效果越好。因此应用于降浊应急处理方案中有些许的局限。

　　铁盐比铝盐形成的絮体沉淀效果好，矾花多、絮凝体密实、沉降速度快，净化后的水质好，且不含铝离子及其他有害重金属离子，无铁离子水相转移，水体不泛黄，无毒无害，完全可靠，具有明显脱色、除浊、除臭、除藻、去除 COD 和 BOD 及各种有害重金属离子的功效。

3.5.3 强化混凝对微生物的影响

投加混凝剂和助凝剂对原水浊度处理的同时也能够去除较少量的微生物，因为在强化混凝过程中微生物会被形成的胶体颗粒吸附或包裹起来下沉至沉淀池底部，经试验分析，强化混凝对微生物的灭活率可增加 0.38~1.1。

3.5.4 最佳强化混凝工艺参数

根据混凝试验数据分析，在处理高浊度原水时，铁盐与助凝剂共同作用的净化效果要明显优于传统铝盐药剂。三种铁盐分别和海藻酸钠联合使用的方案均可行，但考虑经济的因素应选取聚合物作为强化混凝阶段的处理药剂，即 SPFS 为 40mg/L，海藻酸钠为 3mg/L 对原水进行强化混凝处理。

3.6 化学消毒

通过六联搅拌器烧杯小试的方法将强化混凝后的原水进行消毒试验，消毒前水中微生物剩余量见表 3-7。

表 3-7 微生物剩余量

大肠杆菌数 /(CFU/100mL)	金黄色葡萄球菌 /(CFU/mL)	枯草芽孢杆菌 /(CFU/mL)	蜡样芽孢杆菌 /(CFU/mL)
$2.3×10^5$	$1.1×10^5$	$2.3×10^5$	$1.9×10^5$

消毒剂投加到原水中后，搅拌器以 100r/min 搅拌，维持 5min 左右。调节转速 50r/min，持续 25min，取水样对细菌进行检测。

在预氧化试验中，二氧化氯和次氯酸钠对微生物的灭活效果较好，因此消毒剂采用二氧化氯和次氯酸钠对原水中的剩余微生物进行消毒。试验主要确定二氧化氯和次氯酸钠消毒剂的投加量，消毒剂投加后与待测水样反应 30min，再取处理后的水样检测微生物、药剂剩余量以及副产物指标，根据处理后的数据加以分析，确定最佳试验消毒参数。

3.6.1 次氯酸钠对微生物的灭活效果

次氯酸钠对微生物灭活效果见图 3-9。由图 3-9 可知，次氯酸钠对水中微生物的消毒效果较好，投加量为 1.0~1.5mg/L 时，剩余的细菌灭活率达到 2.0~5.0。

次氯酸钠的浓度越高，杀菌作用越强。同时，次氯酸产生的氯离子还能显著改变细菌和病毒体的渗透压，使其细胞丧失活性而死亡。

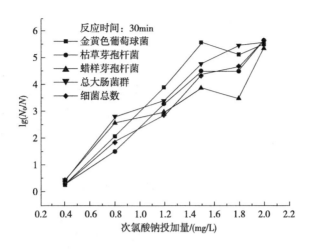

图 3-9　次氯酸钠对微生物灭活效果

3.6.2　二氧化氯对微生物的灭活效果

二氧化氯对微生物灭活效果见图 3-10。由图 3-10 可知，二氧化氯对水中微生物的灭活效果也相对较好，投加量在 $1.0 \sim 1.5 \mathrm{mg/L}$ 时，灭活率达到 $2.2 \sim 4.3$。

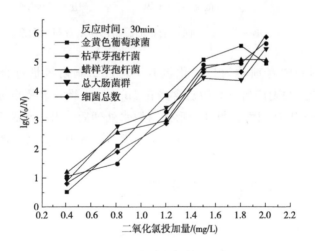

图 3-10　二氧化氯对微生物灭活效果

3.6.3　最佳消毒工艺参数

二氧化氯和次氯酸钠投加量为 $1.0 \sim 1.5 \mathrm{mg/L}$ 时，对原水中微生物灭活均有较好的效果，故选用二氧化氯或次氯酸钠对过滤后的出水进行消毒。

3.6.4　消毒副产物与余氯

通过六联搅拌器烧杯小试的方法，进行单一或不同预氧化剂、消毒剂投加时药剂的剩余量以及副产物含量对比试验。预氧化剂投加到原水中，搅拌器以 100r/min 搅拌，持续 5min；调节转速 50r/min 持续 25min，在经过强化混凝—沉淀—过滤后投加消毒剂消毒。

根据试验确定的预氧化剂和消毒剂最佳投加量范围，现以 1.5mg/L＋1.0mg/L（预氧化剂投加量为 1.5mg/L，消毒剂投加量为 1.0mg/L）的投加量形式对原水进行细菌灭活处理研究，单一或不同消毒剂和预氧化剂对微生物灭活，副产物量及药剂剩余量结果见图 3-11。

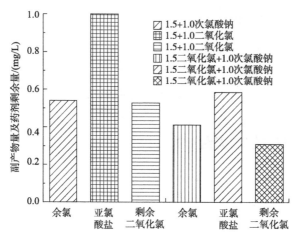

图 3-11　单一药剂、不同药剂投加后副产物量及药剂剩余量

当预氧化剂和消毒剂均为二氧化氯时，剩余二氧化氯量符合出厂水标准 0.1～0.8mg/L，而产生的副产物亚氯酸盐含量在 1mg/L 边缘，远超出标准值。仅 1.5mg/L 二氧化氯＋1.0mg/L 次氯酸钠投加的形式对原水处理后，出厂水副产物各指标符合标准要求，故选用 1.5mg/L 二氧化氯＋1.0mg/L 次氯酸钠投加形式对原水进行处理。

3.7 洪水期微生物污染应急处理工艺

原水取自大伙房水库，并将原水配置成突发微生物污染事件时的最不利水质。将原水通入动态试验装置中，选取各处理阶段的最佳投加量，连续运行 10d，记录原水经动态装置运行处理后各指标变化数值，确定工艺的可行性。装置运行参数均参考静态试验，按照表 3-5 指标配制原水。试验装置流程如图 3-12 所示。

原水水箱（预氧化处理）—强化混凝—沉淀—过滤—消毒。沉淀池的尺寸：长为 920mm，宽为 600mm，高为 400mm。原水水箱的尺寸：长为 900mm，宽为 600mm，高为 500mm。滤柱的尺寸：滤柱内径为 150mm，高为 2000mm，滤料高为 850～950mm。滤料为石英砂。

将原水通入动态试验装置中，选取各处理阶段的最佳投加量，预氧化阶段二氧化氯投加量为 1.5mg/L，强化混凝阶段 SPFS 投加量为 40mg/L，海藻酸钠投加量为 3mg/L，消毒阶段次氯酸钠投加量为 1mg/L，连续运行 10d，记录原水经动态装置运行处理后各指标变化数值。

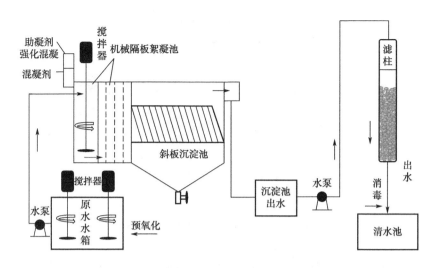

图 3-12　试验装置流程

3.7.1　微生物处理效果

连续运行微生物灭活效果见图 3-13。由图 3-13 可知，原水经过二氧化氯预氧化—强化混凝—沉淀—过滤—次氯酸钠消毒新工艺的处理，微生物的灭活率均在 5.3 以上，去除率超过 99%，处理后的指标值均可以达到《生活饮用水卫生标准》（GB 5749—2006）的标准。

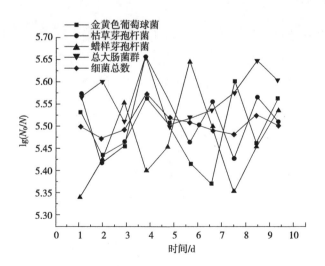

图 3-13　连续运行微生物灭活效果

3.7.2　浊度处理效果及副产物、余氯

处理工艺连续 10d，出水剩余浊度、药剂剩余量及副产物生成量见图 3-14。

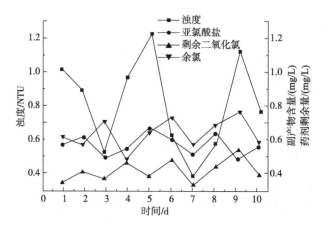

图 3-14 连续运行后剩余浊度、药剂剩余量及副产物生成量

《生活饮用水卫生标准》（GB 5749—2006）规定：出厂水浊度＜1NTU，游离余氯量为 0.3～4mg/L，保证管网末梢余量≥0.05mg/L；二氧化氯剩余量为 0.1～0.8mg/L，保证管网末梢余量≥0.02mg/L；亚氯酸盐＜0.7mg/L。当采用不同预氧化剂和消毒剂对原水进行处理时，生成的副产物量均不超出出厂水标准值，运行期间，副产物指标较为稳定。

处理过程中，只有第 3 天的出水剩余浊度超出了标准值，其他几天剩余浊度均小于 1NTU，微生物基本全部灭活，连续运行 10d 期间效果稳定。

3.7.3 氨氮处理效果

通过 10d 的连续运行，二氧化氯预氧化—强化混凝—沉淀—过滤—次氯酸钠消毒工艺对氨氮有一定的去除，处理后水中氨氮（NH_4^+-N）的含量为 0.11～0.27mg/L，去除率为 22.9%～68.6%，满足《生活饮用水卫生标准》（GB 5749—2006）的标准。氨氮处理效果见图 3-15。

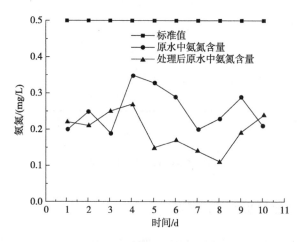

图 3-15 氨氮处理效果

二氧化氯预氧化—强化混凝—沉淀—过滤—次氯酸钠消毒工艺对氨氮的去除效果有些许的波动，但总体上较为稳定。

3.7.4　COD_{Mn}处理效果

通过 10d 的试验，二氧化氯预氧化-强化混凝-沉淀-过滤-次氯酸钠消毒工艺对 COD_{Mn} 处理效果满足《生活饮用水卫生标准》（GB 5749—2006）标准，处理后 COD_{Mn} 的含量为 1.6～3.2mg/L，去除率为 22.9％～60.9％。二氧化氯预氧化—强化混凝—沉淀—过滤—次氯酸钠消毒工艺对 COD_{Mn} 的去除效果较为稳定。COD_{Mn} 处理效果见图 3-16。

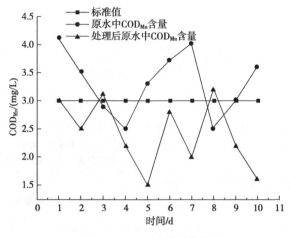

图 3-16　COD_{Mn} 处理效果

3.7.5　UV_{254}处理效果

二氧化氯预氧化—强化混凝—沉淀—过滤—次氯酸钠消毒工艺处理后，水中的 UV_{254} 含量为 0.0179～0.0625cm^{-1}，去除率为 72.8％～92.2％。UV_{254} 处理效果见图 3-17。

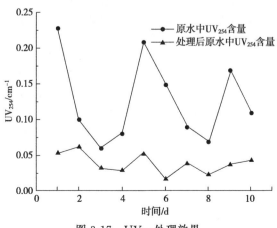

图 3-17　UV_{254} 处理效果

3.8 汛洪水期净水工艺应急方案

汛洪水期不同水源水质与应对措施见表3-8。

表 3-8　水源水质与应对措施

水源水质	应对措施
发生地震、洪涝、流行病疫情、医疗污水泄漏等情况下，水中有机物、氨氮浓度会升高，对消毒灭活工艺会造成严重影响	加大消毒剂投加量和延长消毒接触时间达到所要求的灭活效果
水源水发生突发性病原微生物污染	首先测试水中的微生物浓度和主要水质参数，氨氮、有机物浓度（耗氧量或TOC）、浊度等，根据这些水质参数确定消毒剂的投加量
水源受到污水、垃圾、粪便、藻类等污染时氨氮浓度往往在1mg/L以上，水处理行业尚缺乏快速有效地去除氨氮的技术	发生类似污染事故，必须降低产水量，提高消毒剂浓度或者采取其他应对措施
水厂的常规处理工艺对于溶解性有机物的处理效果有限，一般只有30%左右	消毒剂之前投加粉末活性炭吸附去除有机物取水口处投加粉末活性炭，强化混凝-沉淀去除粉末活性炭，过滤前投加大量消毒剂。一方面消毒灭活水中的微生物，另一方面阻止微生物在滤池中生长，避免二次污染
水源突发性生物污染同时含有较高有机物的情况，我国生活饮用水卫生标准中规定水中耗氧量（高锰酸盐指数）的浓度不超过3mg/L	增加预处理，可减轻对消毒的干扰
颗粒物对消毒的影响在于可以给水中微生物提供保护。微生物在水中往往不是独立存在的，而是附着在颗粒物表面，并分泌胞外多聚物进行保护。在复杂生物相条件下，由于存在边界层效应和胞外分泌物对消毒剂的消耗，黏附在颗粒物上的微生物对消毒剂具有很强的抵抗性	增加预沉淀与强化混凝沉淀过程，有助于颗粒物的去除，增强消毒效果
病原性原生动物（有时也称为原虫）及孢子对于消毒剂的抵抗能力比细菌和病理强得多，水处理中采用的消毒剂剂量和消毒接触时间难以满足充分灭活	强化混凝—沉淀—过滤的常规工艺来加以去除。或通过加大混凝剂投加量，改善混凝条件和提高消毒剂浓度的方法予以去除。 过滤工艺、溶气气浮工艺对贾第虫和隐孢子虫都有较好的去除效果。 臭氧和紫外线消毒是杀死两虫隐孢子虫和贾第虫较好的方法，为了保持管网中的消毒效果，还应配以氯消毒
对于库、湖型水源地，由于对鱼类进行大量捕捞，会造成水体中鱼的数量突然减少，食物链断裂，破坏了水体的生态平衡，导致剑水蚤等生物过剩。原水中大量剑水蚤暴发，造成自来水厂压力过大	取水口加设拦截网截留，或采取滤池进水管纱网过滤，过滤前加氯等临时处理。但纱网过滤会导致水厂的日处理能力大大下降，供水压力增加。 水源地的管理对生态平衡的保护更为重要
藻毒素、水生动物、臭味、肉眼可见物等感官指标。水中的藻类、真菌、水生动物也会对饮用水的臭味、肉眼可见物等感官指标产生不良影响。有些水生藻类，如微囊藻属，还会分泌毒性很强的藻毒素	强化混凝和加大消毒剂量相结合

续表

水源水质	应对措施
富营养化导致的饮用水源中藻类的大量繁殖给饮用水厂运行和水质安全的负面影响	预氧化强化混凝除藻的效果较好。高锰酸钾预处理，配合粉末活性炭为优选。取水口投加高锰酸钾，进厂投加粉末活性炭，最大限度地发挥常规处理工艺净化能力。操作时化学处理剂、投加量、水力停留时间及 pH 值等工艺参数要进行科学优化

目前，以大伙房水库水为原水的沈阳净水厂有：沈阳八水厂、沈阳圣源东水厂、沈阳圣源西水厂为沈阳市 3 个地表水净水厂，以大伙房水库水为原水，水厂净水工艺为常规工艺流程，详见表 3-9。

表 3-9　沈阳市水厂净水工艺流程

沈阳八水厂	原水—管道混合—隔板絮凝池—斜管沉淀池—Ⅴ型滤池—消毒—出厂水
沈阳圣源东水厂、沈阳圣源西水厂	原水—机械混合—隔板絮凝池—侧向流斜板沉淀池—Ⅴ型滤池—消毒—出厂水

汛洪水期原水成高浊状态，并且有微生物污染时，水厂应急处理对策如下。

（1）二氧化氯预氧化—强化混凝—沉淀—过滤—次氯酸钠消毒

优选方案：预氧化阶段二氧化氯投加量为 1.0~1.5mg/L，混凝剂 SPFS 投加量为 40mg/L，助凝剂海藻酸钠投加量为 3mg/L，消毒阶段次氯酸钠投加量为 0.8~1.0mg/L。

备选方案一：预氧化阶段二氧化氯投加量为 1.0~1.5mg/L，混凝剂 $FeSO_4$ 投加量为 50mg/L 或 $FeCl_3$ 投加量为 40mg/L，助凝剂海藻酸钠投加量为 3mg/L，消毒阶段次氯酸钠投加量为 1.0mg/L。

备选方案二：预氧化阶段二氧化氯投加量为 1.0~1.5mg/L，混凝剂 $FeSO_4$ 投加量为 50mg/L 或 $FeCl_3$ 投加量为 40mg/L，助凝剂海藻酸钠投加量为 3mg/L，消毒阶段次氯酸钠投加量为 0.8~1.0mg/L。

（2）次氯酸钠预氧化—强化混凝—沉淀—过滤—二氧化氯消毒（备选方案）

备选方案一：预氧化阶段次氯酸钠投加量为 1.5~2.0mg/L，混凝剂 $FeSO_4$ 投加量为 50mg/L 或 $FeCl_3$ 投加量为 40mg/L，助凝剂海藻酸钠投加量为 3mg/L，消毒阶段二氧化氯投加量为 0.6~1.0mg/L。

备选方案二：预氧化阶段次氯酸钠投加量为 0.6~1.0mg/L，混凝剂 $FeSO_4$ 投加量为 50mg/L 或 $FeCl_3$ 投加量为 40mg/L，助凝剂海藻酸钠投加量为 3mg/L，消毒阶段二氧化氯投加量为 0.6~1.0mg/L。

第 4 章

低温低浊期突发微生物
污染处理技术与工艺

北方冬季水库水温度低，浊度较春夏季节低，当突发微生物污染时，调整常规水处理工艺运行参数，充分利用预氧化作用，提高低温低浊水混凝效果，合理使用消毒剂等一系列联合措施，充分应对水源微生物污染事件。

低温对混凝的负面影响来自于以下几个原因。

① 低水温减缓了混凝剂的水解和混凝反应速率，且不易生成高聚合度的分子，絮体尺寸小。

② 水的黏度随水温的降低而加大，这时搅拌快速推动的水体与周围缓慢的水体间形成较大的速度梯度，造成的强剪切力破坏絮体；同时，水温低使得胶体颗粒布朗运动减弱，碰撞概率减少。

③ 当水温低时，杂质颗粒的水化作用增强。水化膜内的夹层水的黏度和密度增大，导致杂质颗粒之间、杂质颗粒与 $Al(OH)_3$ 胶体间的黏附强度减弱。

④ 水温低还导致水的离子积常数减小，pH 值升高，混凝剂的最佳 pH 值也升高。

⑤ 低水温抑制微生物生长活动，降低了降解有机污染物效率，再加上冰层覆盖使水中溶解氧低，有机物受光解作用减弱，更加剧了有机污染物的污染范围和程度。

⑥ 低温时溶解在水中的气体增多，同时水的密度较大，不利于絮体和颗粒物质沉淀。

深圳笔架山水厂、上海杨树浦水厂、北京第三水厂、北京田村山水厂、杭州南星水厂等改扩建工程，针对微污染原水水质特点，采用化学预处理和常规工艺强化。嘉兴南郊水厂应对劣 V 类原水水质，采用化学预氧化＋生物预处理、常规工艺强化、臭氧-活性炭深度处理。

预氧化剂具有灭活微生物作用，但同时也可能产生消毒副产物，所以采用预氯化工艺时必须慎重，根据原水水质，选择适宜的氧化剂种类及投加量。

针对大伙房季节性水质特点，整理大伙房水库 2005～2018 年的水质资料，分析总结冬季水库水质指标，在水质微生物的指标上增加一个数量级，并以易被灭活的大肠杆菌和不易被灭活的带有芽孢的杆菌及致病球菌作为指示生物（含大肠杆菌、金黄色葡萄球菌、八叠球菌、枯草芽孢杆菌等），将极端微生物污染原水水质作为处理目标，探究应对突发性微生物污染的处理技术。

4.1 冬季低温低浊期水质

根据大伙房水库 2005～2018 年的水质资料，汇总大伙房水库冬季低温低浊原水水质见表 4-1。

表 4-1　低温低浊原水水质

氨氮 /(mg/L)	COD$_{Mn}$ /(mg/L)	浊度/NTU	UV$_{254}$/cm^{-1}	温度/℃	pH 值	大肠菌群数 /(CFU/100mL)	细菌总数 /(CFU/mL)
0.15～0.31	2.8～3.5	5～15	0.08～1.0	2～4	7～8	$3.8×10^3$	$2.41×10^4$

4.2 低温低浊水预氧化

分别采用二氧化氯、次氯酸钠和高锰酸钾三种预氧化剂对原水进行预氧化处理。通过六联搅拌器烧杯小试的方法完成预氧化静态试验。预氧化剂投加到原水中，搅拌器以 100r/min 搅拌，持续 5min；调节转速 50r/min，持续 25min；取水样对微生物进行检测。试验主要确定二氧化氯、次氯酸钠及高锰酸钾的投加量，预氧化剂投加后与待测水样反应 30min，取处理后的水样检测大肠杆菌数、菌落总数、药剂剩余量以及副产物指标，根据处理后的数据加以分析，确定最佳试验预氧化条件。

（1）试验用原水水质

模拟大伙房水库水质，人工配制试验用水，试验用原水水质指标见表 4-2，其中预氧化试验原水微生物量见表 4-3。

表 4-2　试验用原水水质

氨氮/(mg/L)	COD$_{Mn}$/(mg/L)	浊度/NTU	UV$_{254}$/cm^{-1}	温度/℃	pH 值
0.13～0.35	2.6～3.8	35～55	0.07～1.2	1～5	7～8

表 4-3　预氧化试验原水微生物量

大肠杆菌数 /(CFU/100mL)	金黄色葡萄球菌 /(CFU/mL)	枯草芽孢杆菌 /(CFU/mL)	蜡样芽孢杆菌 /(CFU/mL)
$4.1×10^4$	$2.2×10^4$	$3.3×10^4$	$1.9×10^4$

（2）微生物试验与分析方法

① 配制细菌培养液及固体培养基。细菌培养液成分：牛肉膏 3g，蛋白胨 10g，氯

化钠 5g，蒸馏水 1000mL，pH 值 7.4～7.6。制法：加热溶解，调 pH 值，分装于三角瓶中，于 121℃高压灭菌 20min。

固体培养基成分：牛肉膏 3g，蛋白胨 10g，氯化钠 5g，蒸馏水 1000mL，pH 值 7.4～7.6，加入 10～20g 琼脂，大肠菌群培养基再添加微量的品红。制法：加热溶解，调 pH 值，装于三角瓶中，于 121℃高压灭菌 20min。

② 细菌接种。将接种环环端及有可能伸入试管的其余部位在火焰上烧红灭菌，从斜面上长有菌苔的菌种试管刮取细菌，取出细菌后迅速将沾有菌种的接种环伸入用三角烧瓶装配的培养液中，并与培养液相搅拌，使细菌落入培养液里。盖上棉塞，用牛皮纸包好，放入 37℃振荡培养箱，培养 48h 即可使用。

③ 菌落总数测定。依照无菌操作方法，以 10 倍稀释法稀释水样（视水体污染程度确定稀释倍数）。用无菌移液管吸取 1mL 稀释后水样，注入无菌培养皿中，倾注约 15mL 已融化并冷却至 45℃左右的营养琼脂培养基，平放于桌上迅速旋摇培养皿，使水样与培养基充分混匀，冷凝后将平板倒置放于 37℃恒温培养箱内，培养 24h 后，进行菌落记数。计算 3 个平板菌落总数的平均值，即为 1mL 水样中的菌落总数。

④ 总大肠菌群测定。大肠菌群采用滤膜法进行检测。依照无菌操作方法，以 10 倍稀释法稀释水样（视水体污染程度确定稀释倍数），将稀释后的原水与无菌水成比例混合成 100mL 水样放到抽滤机上进行抽滤。水样滤完后，再抽气约 5s，关上滤器阀门，取下滤器，用灭菌镊子夹取滤膜边缘部分，移放在培养基上，滤膜截留细菌面向上，滤膜应与培养基完全贴紧，两者间不得留有气泡，然后将平皿倒置，放入 37℃隔水式恒温培养箱内，培养（24±2）h。

大肠菌群计数同样采用平板计数法，水中大肠菌群菌落数以 100mL 水样中大肠菌群菌落形成单位（CFU）表示。

$$总大肠菌群菌落数 = \frac{计数得到的大肠菌群菌落数 \times 100}{过滤的水样体积}$$

⑤ 微生物染色。革兰染色法：分别取含金黄色葡萄球菌、大肠菌群、枯草芽孢杆菌、蜡样芽孢杆菌及它们的混合菌液涂片、干燥、固定后进行染色。用结晶紫液染液染 1min，无菌水冲洗，卢戈碘液染 1min，无菌水冲洗，0.4%复红酒精溶液染 30s 后，再次无菌水冲洗，吸干后镜检。

芽孢染色法：取带有芽孢细菌菌液和 5%孔雀绿水溶液，放入小试管中充分混合，沸水浴 20min，取混合液涂片、干燥、固定进行染色。1%沙黄液复染 10min 后用无菌水进行冲洗，吸干后镜检。

4.2.1 次氯酸钠预氧化

向原水投加大肠杆菌、金黄色葡萄球菌、枯草芽孢杆菌、蜡样芽孢杆菌以及它们的混合菌。次氯酸钠对水中微生物的灭活效果较好，投加量在 2.0～3.0mg/L 时，细菌灭活率达到 1.5～2.8。次氯酸钠的浓度越高，杀菌作用越强。次氯酸钠对微生物灭活效果见图 4-1。

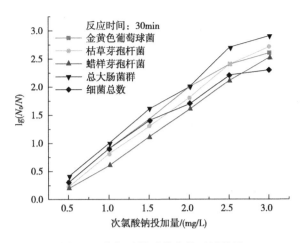

图 4-1　次氯酸钠对微生物灭活效果

4.2.2　二氧化氯预氧化

二氧化氯对水中微生物的灭菌效果也相对较好，投加量在 2.0～3.0mg/L 时，细菌灭活率达到 1.4～2.9。二氧化氯对微生物灭活效果见图 4-2。

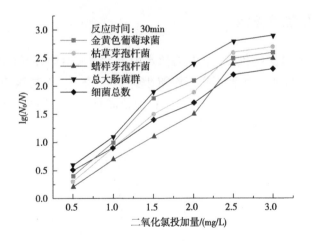

图 4-2　二氧化氯对微生物灭活效果

二氧化氯是一种十分有效的净水剂，具有良好的除臭与脱色能力、低浓度下高效杀菌和杀病毒能力。二氧化氯用于水消毒，在其浓度为 0.5～1mg/L 时，1min 内能将水中 99％的细菌杀灭，灭菌效果为氯气的 10 倍，次氯酸钠的 2 倍，抑制病毒的能力也比氯高 3 倍，比臭氧高 1.9 倍。二氧化氯还有杀菌快速，pH 值适用范围广（6～10），不受水硬度和盐分多少的影响，能维持长时间的杀菌作用，能高效率地消灭原生动物、孢子、霉菌、水藻和生物膜，不生成氯代酚和三卤甲烷，能将许多有机化合物氧化，从而降低水的毒性和诱变性质等多种特点。

4.2.3 高锰酸钾预氧化

高锰酸钾对微生物灭活效果见图 4-3。由图 4-3 可知，投加高锰酸钾 3.0mg/L 时，各细菌的灭活率仅达到 0.75～2.1。

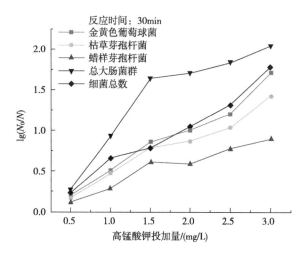

图 4-3 高锰酸钾对微生物灭活效果

4.2.4 最佳预氧化工艺参数

综上分析，次氯酸钠和二氧化氯对原水中微生物灭活均有不错的效果，在最佳投加量为 2.0～3.0mg/L 时，细菌灭活率均能达到 1.4～2.9，而高锰酸钾仅在 3.0mg/L 时对各细菌的灭活效果才达到 0.75～2.1，投加量高且效果不明显。试验过程中检测细菌剩余量见图 4-4，微生物剩余量见图 4-5。

图 4-4 次氯酸钠灭活细菌剩余量

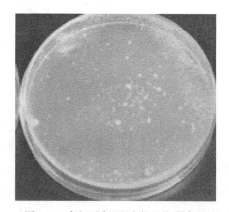

图 4-5 高锰酸钾灭活微生物剩余量

选取次氯酸钠或二氧化氯作为预氧化剂对原水进行预氧化处理，处理后的原水再进行强化混凝试验。预氧化后药剂剩余量及副产物量见图 4-6。

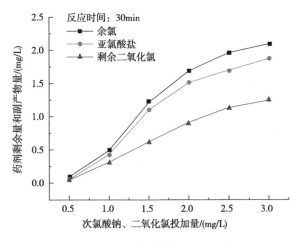

图 4-6　药剂剩余量及副产物量

当次氯酸钠和二氧化氯投加量为 2.5mg/L 时，原水处理后的剩余量以及副产物量较高，副产物亚氯酸盐及剩余二氧化氯均超出了标准值（亚氯酸盐标准值小于 0.7mg/L，剩余二氧化氯标准值为 0.1~0.8mg/L）；投加量为 1.3mg/L 时，亚氯酸盐含量徘徊在标准值边缘，微生物的灭活率达到 0.8~1.8，有的细菌灭活量接近一半或超过半数。选取次氯酸钠或二氧化氯作为预氧化剂，投加量为 1.3mg/L 时对原水进行预氧化处理，处理后的原水进行强化混凝试验。

4.3 强化混凝

4.3.1 不同混凝剂最佳投加量

原水浊度为 35~55NTU，向原水投加混凝剂，搅拌器以 250r/min 搅拌，维持 1min；调节转速为 80~100r/min，持续 5min；再调节转速为 40~60r/min，持续 10min。待水样静沉 15min 后，取上清液测试浊度。

根据原水低温低浊的特点，选择混凝剂：聚合氯化铝（PAC）、三氯化铁（$FeCl_3$）、硫酸铝 [$Al_2(SO_4)_3$]、硫酸亚铁（$FeSO_4$）、聚合硫酸铝铁（PAFS）、聚合硫酸铁（SPFS）进行强化混凝试验，不同混凝剂除浊效果如图 4-7 所示。

铝盐对冬季低温低浊原水处理效果最佳，原水在投加铝盐后的混凝过程中，反离子的浓度在胶粒表面处最大，并沿着胶粒表面向外的距离呈递减分布，最终与溶液中离子浓度相等。当向溶液中投加电解质时，溶液中离子浓度增高，则扩散层的厚度减小。该过程的实质是加入的反离子与扩散层原有反离子之间的静电斥力把原有部分反离子挤压到吸附层中，从而使扩散层厚度减小。由于扩散层厚度的减小，电位相应降低，胶粒间的相互排斥力也减少。另外，由于扩散层减薄，它们相撞时的距离也减少，因此相互间的吸引力相应变大。从而其排斥力与吸引力的合力由斥力为主变成以引力为主，胶粒得以迅速凝聚，生成粗大絮凝体加以分离去除，从而完成混凝过程。

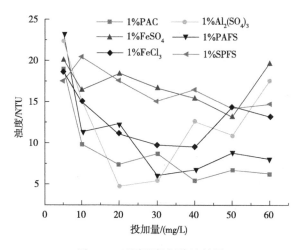

图 4-7　不同混凝剂除浊效果

铁盐对低温低浊水质处理效果不及铝盐，浊度在 9～15NTU 之间波动。混凝剂 PAC、$Al_2(SO_4)_3$、PAFS 的最佳处理效果的浊度均维持 5NTU 左右，故选取这三种混凝剂配合不同的助凝剂对原水进行进一步处理。PAC、$Al_2(SO_4)_3$、PAFS 这三种混凝剂最佳药剂投加量依次为：PAC 40mg/L，$Al_2(SO_4)_3$ 20mg/L，PAFS 30mg/L。

4.3.2　不同助凝剂最佳投加量

选择聚丙烯酰胺（PAM）、海藻酸钠、粉末活性炭作为助凝剂，分别与上述混凝剂共同作用，对原水进行净化处理，以确定适合的助凝剂及助凝剂的最佳投加量，以及应对冬季低温低浊度水的混凝工艺运行参数。

试验先投加混凝剂，搅拌速度 280～300r/min，搅拌时间 30s～1min；再投加助凝剂，搅拌时间 30s～1min；调节转速为 80～100r/min，持续 5min；调节转速为 40～60r/min，持续 10min；静沉 15min；取上清液测试剩余浊度。不同助凝剂与不同混凝剂协同作用的除浊效果见图 4-8～图 4-10。

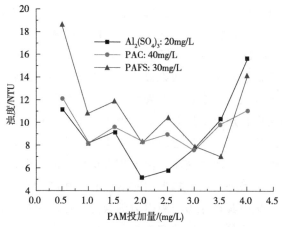

图 4-8　PAM 协同不同混凝剂对浊度处理效果

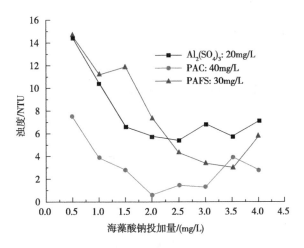

图 4-9　海藻酸钠协同不同混凝剂对浊度处理效果

由图 4-8、图 4-9 可知，PAM 与不同混凝剂作用的处理效果不及海藻酸钠，PAC 与海藻酸钠对浊度的处理效果好于 PAFS、$Al_2(SO_4)_3$ 与海藻酸钠，处理后的最低浊度均接近于 1NTU，且消耗量也较少。

PAC 吸附能力强，投入原水后形成的絮凝体大、沉淀速度快、活性高、过滤性好，且对各种原水的适应性强，对水的 pH 值影响极小，净水效果优于其他传统的无机净水剂。PAC 对低温低浊水质的净化效果显著，用量少，而且对设备、管道腐蚀性小，操作方便，投药量小，净化成本低。

粉末活性炭与不同混凝剂作用的最佳处理效果与海藻酸钠相似，处理后的最低浊度均接近于 4NTU，但处理后的浊度波动较大。由图 4-10 可知，粉末活性炭需要一定的吸附时间（通常在 30min 以上），吸附时间越长，粉末活性炭的吸附性能发挥得越充分，吸附去除效果越好。

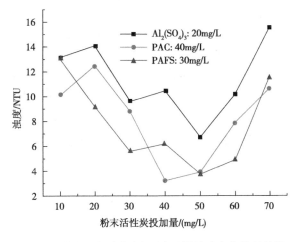

图 4-10　粉末活性炭协同不同混凝剂对浊度处理效果

4.3.3 强化混凝对微生物的影响

投加混凝剂和助凝剂对原水浊度处理的同时，也能够去除较少量的微生物，强化混凝过程中微生物会被形成的胶体颗粒吸附或包裹起来下沉至沉淀池底部，强化混凝对微生物的灭活率可增加 0.36~0.8。

4.3.4 最佳强化混凝工艺参数

在处理低温低浊度原水时，PAC 与助凝剂共同作用的净化效果要明显优于其他混凝剂药剂。

PAC 分别和海藻酸钠、粉末活性炭联合使用的方案均可行，但考虑工艺运行的稳定性，选取 PAC 与海藻酸钠联合使用作为强化混凝阶段的处理药剂，即 PAC 为 40mg/L，海藻酸钠为 2mg/L 对原水进行强化混凝处理。

4.4 化学消毒

通过六联搅拌器烧杯小试的方法将强化混凝后的原水进行消毒试验，消毒前水中微生物量见表 4-4。

表 4-4　消毒前水中微生物量

大肠杆菌数 /(CFU/100mL)	金黄色葡萄球菌 /(CFU/mL)	枯草芽孢杆菌 /(CFU/mL)	蜡样芽孢杆菌 /(CFU/mL)
1.9×10^4	1.1×10^4	1.2×10^4	9×10^3

消毒剂投加到原水中，搅拌器以 100r/min 搅拌，维持 5min 左右。调节转速为 50r/min，持续 25min，取水样对细菌进行检测。

二氧化氯和次氯酸钠在预氧化试验中对微生物的灭活效果较好，因此消毒剂采用二氧化氯和次氯酸钠对原水中的剩余微生物进行灭活。试验主要确定二氧化氯和次氯酸钠消毒剂的投加量，消毒剂投加后与待测水样反应 30min，再取处理后的水样检测微生物、药剂剩余量以及副产物指标，根据处理后的数据加以分析，确定最佳试验消毒参数。

4.4.1 次氯酸钠对微生物的灭活效果

次氯酸钠对微生物灭活效果见图 4-11。由图 4-11 可知，次氯酸钠对水中微生物的消毒效果较好，投加量在 1.0~1.4mg/L 时，细菌灭活率达到 1.4~2.8。

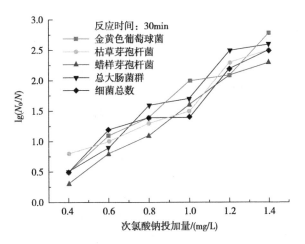

图 4-11 次氯酸钠对微生物灭活效果

次氯酸钠的浓度越高，杀菌作用越强。同时，次氯酸产生出的氯离子还能显著改变细菌和病毒体的渗透压，使其细胞丧失活性而死亡。

4.4.2 二氧化氯对微生物的灭活效果

二氧化氯对微生物灭活效果见图 4-12。由图 4-12 可知，二氧化氯对水中微生物的灭菌效果也相对较好，投加量在 $1.0 \sim 1.4 \mathrm{mg/L}$ 时，细菌灭活率达到 $1.8 \sim 3.3$。

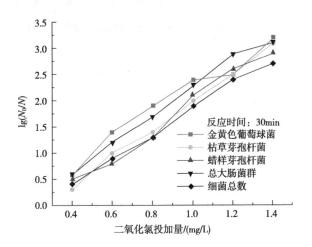

图 4-12 二氧化氯对微生物灭活效果

4.4.3 最佳消毒工艺参数

二氧化氯和次氯酸钠投加量为 $1.0 \sim 1.4 \mathrm{mg/L}$ 时，对原水中微生物灭活均有良好的效果，故选用二氧化氯或次氯酸钠对过滤后的出水进行消毒。

4.4.4 消毒剂副产物与余氯

预氧化剂投加到原水中后搅拌器以 100r/min 搅拌，持续 5min；调节转速 50r/min，持续 25min，再经过强化混凝—沉淀—过滤后投加消毒剂进行消毒。

根据预氧化剂和消毒剂最佳投加量范围，现以 1.3＋1.0（预氧化剂投加量为 1.3mg/L，消毒剂投加量为 1.0mg/L）的投加量形式对原水进行微生物灭活研究，验证使用单一或不同消毒剂和预氧化剂对细菌灭活后药剂剩余量及副产物量是否超标，试验结果见图 4-13。

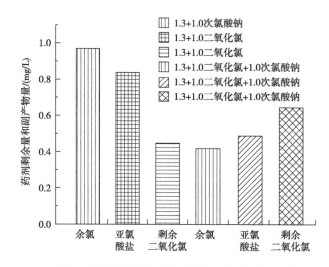

图 4-13 不同药剂组合下的药剂剩余量及副产物量

次氯酸钠同时作为预氧化剂和消毒剂对原水进行处理时，余氯值维持在 0.9 左右，满足出厂要求。二氧化氯同时作为预氧化剂和消毒剂对原水进行处理时，剩余二氧化氯量符合出厂标准，而所产生的副产物亚氯酸盐含量徘徊在 0.8mg/L 边缘，超出标准值。1.3mg/L 二氧化氯＋1.0mg/L 次氯酸钠对原水处理后，出水副产物各指标符合标准要求。

4.5 低温低浊期微生物污染应急处理工艺

原水取自大伙房水库，并将原水配置成突发微生物污染事件时的最不利水质。将原水通入动态试验装置中，选取各处理阶段的最佳投加量，连续运行 10d，记录原水经动态装置运行处理后各指标变化数值，确定工艺的可行性。装置运行参数均参考静态试验，试验装置流程如图 3-12 所示。

将原水通入动态试验装置中，选取各处理阶段的药剂最佳投加量，预氧化阶段二氧化氯投加量为 1.3mg/L，强化混凝阶段 PAC 为 40mg/L，海藻酸钠为 2.0mg/L，消毒阶段次氯酸钠投加量为 1.0mg/L，连续运行 10d，记录原水经动态装置运行处理后各指标变化数值，确定二氧化氯预氧化—强化混凝—沉淀—过滤—次氯酸钠消毒工艺的可行性。原水水质见表 4-2、表 4-3。

4.5.1　微生物处理效果

连续运行微生物灭活效果见图 4-14。由图 4-14 所知，原水经过二氧化氯预氧化—强化混凝—沉淀—过滤—次氯酸钠消毒工艺的处理，微生物的灭活率均在 2.3 以上，处理后的指标值均达到了《生活饮用水卫生标准》（GB 5749—2006）的标准。

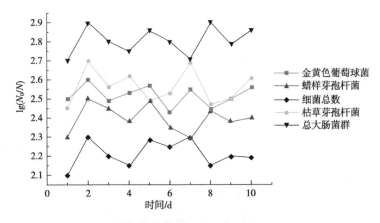

图 4-14　连续运行微生物灭活效果

4.5.2　副产物与余氯

浊度处理过程中，只有 2d 的剩余浊度超出了标准值，其他几天剩余浊度均小于 1NTU。微生物基本全部灭活，并且在连续运行期间去除效果稳定。当采用不同预氧化剂和消毒剂对原水进行处理时，生成的副产物量以及药剂的剩余量均不超出标准值，运行期间指标也较为稳定。连续运行剩余浊度、药剂剩余量及副产物生成量如图 4-15 所示。

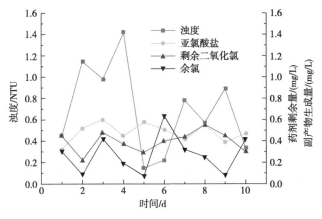

图 4-15　连续运行剩余浊度、药剂剩余量及副产物生成量

4.5.3 氨氮处理效果

连续运行氨氮处理效果如图 4-16 所示。处理后氨氮的含量为 $0.10 \sim 0.30 \text{mg/L}$，去除率为 $33.3\% \sim 70\%$。二氧化氯预氧化—强化混凝—沉淀—过滤—次氯酸钠消毒工艺对氨氮处理效果基本满足《生活饮用水卫生标准》（GB 5749—2006）要求。

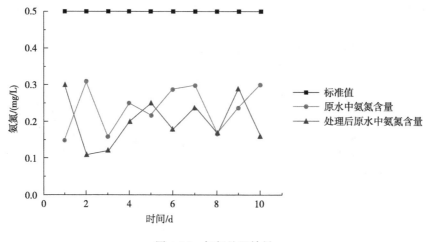

图 4-16　氨氮处理效果

4.5.4 COD_{Mn} 处理效果

二氧化氯预氧化—强化混凝—次氯酸钠消毒工艺处理后 COD_{Mn} 的含量为 $2.1 \sim 3.0 \text{mg/L}$，去除率为 $14.3\% \sim 40.5\%$，满足《生活饮用水卫生标准》（GB 5749—2006）的要求。COD_{Mn} 处理效果如图 4-17 所示。

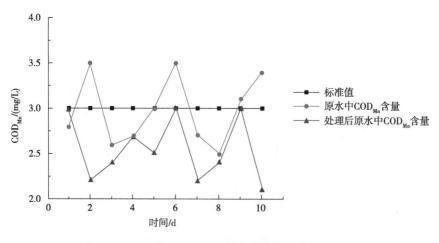

图 4-17　COD_{Mn} 处理效果

4.5.5　UV$_{254}$处理效果

二氧化氯预氧化—强化混凝—沉淀—次氯酸钠消毒工艺能够降低 UV$_{254}$ 指标，经工艺处理后，UV$_{254}$ 含量为 $0.021\sim0.0610\mathrm{cm}^{-1}$，去除率为 $39.8\%\sim79.0\%$。UV$_{254}$ 处理效果如图 4-18 所示。

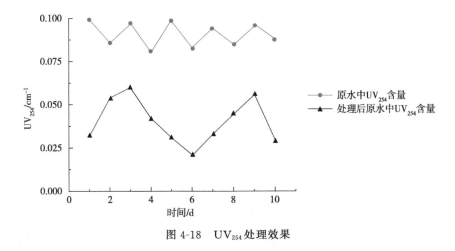

图 4-18　UV$_{254}$处理效果

通过冬季阶段性的试验研究，探索最佳工艺参数并验证连续工艺运行的稳定性，得到最佳工艺参数及工艺运行方案如下。

① 预氧化。采用 1.3mg/L 二氧化氯对原水中微生物进行预氧化处理，微生物灭活率达到 $1.5\sim2.8$，细菌灭活量接近一半或超过半数。

② 强化混凝。选择 PAC40mg/L，海藻酸钠 2mg/L 的组合形式对预氧化处理后的原水进行强化混凝处理。冬季低温原水浊度为 $35\sim55\mathrm{NTU}$，处理后的浊度小于标准值 1NTU，符合水厂出厂标准。

③ 消毒。1.0mg/L 次氯酸钠对原水中微生物进行消毒处理，微生物灭活率达到 $1.4\sim2.8$，剩余的微生物基本灭活。

④ 工艺连续运行。二氧化氯预氧化-强化混凝-沉淀-过滤-次氯酸钠消毒工艺对原水进行处理，处理后出水浊度、氨氮、COD$_{Mn}$、UV$_{254}$、微生物等指标均符合《生活饮用水卫生标准》(GB 5749—2006) 要求。

4.6　低温低浊期净水工艺应急方案

针对大伙房水源冬季水期原水低温低浊条件，并且有微生物污染时，水厂应急处理方案如下。

(1) 二氧化氯预氧化—强化混凝—沉淀—过滤—次氯酸钠消毒

优选方案：预氧化阶段二氧化氯投加量为 1.3mg/L，混凝剂 PAC 投加量为

40mg/L，助凝剂海藻酸钠投加量为 2mg/L，消毒阶段次氯酸钠投加量为 1.0mg/L。

备选方案：预氧化阶段二氧化氯投加量为 1.3mg/L，混凝剂 PAFS 投加量为 30mg/L，助凝剂海藻酸钠投加量为 2mg/L，消毒阶段次氯酸钠投加量为 1.0mg/L。

（2）次氯酸钠预氧化—强化混凝—沉淀—过滤—二氧化氯消毒（备选方案）

预氧化阶段次氯酸钠投加量为 1.4mg/L，混凝剂 PAFS 投加量为 30mg/L，助凝剂海藻酸钠投加量为 2mg/L，消毒阶段二氧化氯投加量为 1.1mg/L。

第 5 章

湖库高藻水预氧化除藻技术与工艺

针对水库水夏秋季含有大量藻类的水质问题，研究原水输送至水厂及水厂前段预氧化除藻工艺，通过单种药剂灭藻效果、复配药剂灭藻效果、灭藻剂动态灭藻效果研究的途径，提出高效、经济、适用的预氧化灭藻控制措施和方法。

5.1 湖库水体除藻技术概况

5.1.1 湖库水体营养状态

生态学家和环境专家根据水体中所含营养物质的浓度以及生物学、物理学和化学参数指标，将水体的营养状态人为划分成贫营养、富营养和中营养三种状态。

（1）贫营养

贫营养是表示水体中植物性营养物质浓度很低的状态。贫营养化水体的生物生产力水平最低，浮游性藻类植物的生产力水平也相当低，水体通常都是清澈的，虽然有些贫营养化湖泊水体因流入了诸如生成岩粉状物等某些无机颗粒物质，降低了水体的透明度，但绝大多数贫营养化水体的透明度都比较高。

由于贫营养化水体生物生长繁殖能力很低，因而藻类合成前叶绿素的量也比较少，它们死亡后分解所消耗的溶解氧也较少。所以，贫营养湖泊水体的溶解氧的含量一般都比较高。不论是温度较高的夏季，还是比较寒冷的冬季，即便水面冰封而妨碍水体从大气中进行复氧过程，水体也不会出现缺氧现象。

贫营养湖泊水体一般多为深水湖，地质成因上常见于断层构造湖。保持贫营养状态的湖泊，在流域内人为活动影响小，土地尚未进行大规模的开发。

（2）富营养

与贫营养水体相反，富营养化是指湖泊等水体接纳过多的氮、磷等营养物，使藻类以及其他水体生物过量繁殖，水体透明度下降，溶解氧降低，造成湖泊水质恶化，从而使湖泊生态功能受到损害和破坏。富营养湖泊所含有的浮游藻类多，严重的甚至发生"水华"，给水资源利用带来巨大损失。

富营养化水体一般多为浅水型或深浅混合型湖泊，湖泊水体处于富营养化状态的原因并不都是相同的。有的是由于天然演变阶段中的老年富营养，有的是因为污染加剧而属于人为富营养化，有些则可能两者兼而有之。

（3）中营养

中营养是指介于贫营养和富营养状态之间的过渡状态，中营养状态的水质也具有由贫营养状态向富营养状态演变的特征。

5.1.2　湖库水体高藻水特征

在未发生富营养化的湖库水中，夏季原水中藻的含量一般每升有数百万个（以藻细胞计，下同）。当原水中藻的含量超过 1 千万～2 千万个/L 时，对于以湖库为水源的自来水厂，属于高藻水源水，水源水中藻的含量可以达到 3 千万～4 千万个/L，最高时可超过 1 亿个/L。高藻水对水源水质和净水工艺带来负面影响。高藻水的特征如下：

① 浑浊度较高。由深圳水库的水质分析，当水质含藻量为 13182 万个/L 时，水的浊度为 53.5NTU；含藻量小于 20 万个/L 时，浊度仅为 20NTU。

② 稳定性较高。由藻类形成的浊度，其组成大多为有机质，电动电位 ζ 约在 −40mV 以上，由于藻类密度较小，难以下沉，具有较高的稳定性。

③ 色度较高。因为藻类本身有颜色，过多的藻类使水的色度增加，藻类死亡沉入水底形成腐殖质，同样也会增加水的色度。

④ 有臭味。各种藻类具有不同的臭味，如甜、苦、酸等。藻类死亡沉入水底形成腐殖质，还会产生泥土的腐臭。各种藻类产生的臭味见表 5-1。

表 5-1　各种藻类产生的臭味

藻类名称	产生臭味		藻类名称	产生臭味	
	中等浓度	大量繁殖		中等浓度	大量繁殖
鱼腥藻	草味、霉味	腐烂味	栅藻	—	草味
组囊藻	草味、霉味	腐烂味	水绵藻	—	草味
束丝藻	草味	腐烂味	黄群藻	黄瓜味、香味	鱼腥味
星杆藻	香味	鱼腥味	平板藻	—	鱼腥味
角藻	鱼腥味	腐烂味	丝藻	—	草味
锥囊藻	紫罗兰味	鱼腥味	团藻	鱼腥味	鱼腥味
颤藻	草味	霉味、香味			

⑤ 提高水体 pH 值。藻类繁殖后，新陈代谢和光合分解作用会使水的 pH 值有所提高。

⑥ 水中耗氧量随藻类繁殖数量的增加而增加。

⑦ 高藻水中溶解氧较高。由于藻类光合作用的效率为陆上植物的 2 倍多，通过光合作用放出大量的氧气，使水中溶解氧保持较高的水平。

⑧ 氯化物、硫酸盐因水中藻类、细菌光合分解作用而有所降低，并有随藻类增多而下降的趋势。

⑨ 藻类的大量繁殖和死亡可产生藻毒素。

5.1.3　水中藻类的危害

5.1.3.1　藻类对水质的影响

水体富营养化对水质的不利影响主要表现在水感官性状和饮水安全性两个方面。

（1）富营养化对水感官性状的影响

富营养化湖库水中的藻类可导致水体产生不同程度臭味，其主要致臭物质有：土臭素、2-甲基异莰醇（2-MIB）、2-异丁基-3-甲氧基吡嗪（IBMP）、2-异丙基-3-甲氧基吡嗪（IPMJP）、2,4,6-三氯茴香醚（TCA）及三甲基胺等。这些物质本身对健康并无危害，但其臭气浓度往往很低，水中只要有很少的致臭物质，就足够破坏水的正常气味。藻类产生的臭味用常规净水工艺很难去除，这将导致用户对水质感官上的不满。

（2）富营养化对饮水安全性的影响

铜绿微囊藻、水华鱼腥藻和水华束丝藻等蓝藻，在一定的环境下会产生毒素。饮用有藻毒素的自来水会引起肠道疾病，动物学试验发现藻类毒素可能有致畸、致突变作用。其中，微囊藻毒素是分布最广、最复杂的一种毒素，是较强的肝肿瘤促进剂。

5.1.3.2　藻类对水厂运行的影响

我国各湖泊、水库的藻类以绿藻、蓝藻、硅藻较为普遍，其次还有甲藻、金藻、裸藻，是影响饮用水生产的主要藻类。由于水中微小藻类密度小，因而不能在混凝沉淀过程中去除，大量在混凝沉淀过程中未被去除的藻类进入滤池时聚集在一起，在滤池表面形成一层很密实的覆盖物，阻止水流通过，缩短滤池运行周期，增加反冲洗水量，严重时可造成水厂停产。

水中大量藻类、有机物和氨氮的存在，使得混凝剂和消毒剂用量大大增加，不仅使制水成本提高，更增加了水中消毒副产物的含量，降低了饮水安全性。

5.1.3.3　藻类对输配水管网的影响

穿透滤池进入管网的藻类以及残留在水中的可同化有机物成为微生物繁殖的基质，

促进细菌生长，甚至可能在管网中生长出较大的有机体，如线虫和海绵动物等，这些浮游动物很难消除，严重时可堵塞水表、水龙头。

此外，水中腐殖酸和富里酸具有与水中的无机离子及金属氧化物发生离子交换和络合的特性，所以往往和水中的无机颗粒结合在一起，出厂水中会含有这种细微颗粒，它们在管道流速较小的地方沉积下来形成管垢，在沉积较厚的地方因厌氧而发生腐殖质的腐化和垢下腐蚀，影响管网水质并增加动力消耗。

5.1.4 藻类控制技术

5.1.4.1 水源地藻类控制技术

（1）机械捞藻

用机械方法捞取湖水中大量的藻类，可在短期内快速有效地去除湖水中的藻类和藻华，但该方法往往需要耗费大量的劳动力和能量，而且随着藻类的生长，需要不断地捞取。对于有商业价值的藻类，捞取藻类可得到较好的经济效益，如云南的程海，湖水中曾有大量的螺旋藻，并形成螺旋藻水华，不断地收获可得到良好的经济效益。但是，对于许多富营养化湖泊，往往没有单纯的、良好的藻类资源，收获藻类难以取得相应的直接经济效益。

（2）清除富含营养物底泥

湖库底泥中含有大量的有机物、氮、磷、重金属等污染物质。在泥水交接面，会存在水中污染物沉积至底泥和底泥中污染物向水体中解析扩散的动态平衡。当底泥厌氧发酵时，会使水体黑臭。因此，将湖库中富含营养物的底泥层清除可控制藻类的生长，能够加深湖泊、水库，增加湖（库）容，也可除掉并控制大型植物。

（3）稀释和冲刷

磷在湖库中的浓度是入湖库水的磷浓度、湖库水的冲刷速度（滞留时间）、颗粒物沉降进入底泥的净损失量等的函数。因此，稀释是降低湖水磷浓度的一个有效方法。冲刷应使藻类冲刷出湖库的速度大于在湖库中生长的速度，同时冲坏藻细胞以控制藻类的生物量。

（4）水体曝气

湖泊和水库等封闭性水体，常出现热分层现象，即深冷层水中的营养物一般比上层水高。对湖底曝气，通过人工循环，消除或防止热分层，使湖水充分混合并向水体充氧，抑制藻华发生。

（5）有效微生物除藻

水体中一些微小动物对藻类及其毒副产品的生物降解起着重要作用。现已发现多种黏细胞、蓝藻噬菌体和真菌能裂解藻类营养细胞或破坏细胞的某一特定结构。最常投放的微生物有高效微生物群和光合细菌。

高效微生物群是采用独特的发酵工艺把经过仔细筛选出的好氧性和兼氧性微生物加以混合后培养出的微生物群落。含有 10 个属 80 多种微生物，其中主要的代表性微生物有光合细菌、乳酸菌、酵母菌和放线菌 4 类。各种微生物在其生长过程中产生的有用物质及其分泌物质，成为微生物群落相互生长的基质和原料，通过相互间的共生关系，形成了一个复杂而稳定的微生物系统，发挥多种功能。光合细菌能将富营养化水体中的磷吸收转化、氮分解释放、有机物迅速转化为可被水生物吸收的营养物。采用人工培养高密度光合细菌，通过一定的方法投入水体，可加速水体的物质循环，最终达到净化水体的目的。

（6）模拟人工湿地除藻

模拟人工湿地除藻在日本、韩国应用较多，其去除藻类的主要机制是机械过滤作用，同时存在化学和生物作用。日本建设省利用种植多种水生植物吸收水中的氮、磷类营养元素和藻类物质，在霞蒲湖边建立了占地 $3400m^2$ 的实验性人工湿地净化湖水。经 5 年运行实践，取得了良好效果，即使在湖水水华高发期也能有效消除蓝藻，每平方米人工湿地每天可去除水华 2.0kg（以 98%含水率计），全年平均除氮能力 $196g/(m^3 \cdot d)$，还可去除水中 40%～50%的磷。

（7）生态工程

生态工程是利用湖库生态规律从根本上治理富营养化，通过人为干扰，调动生态系统本身的功能，达到抑藻目的。例如：恢复大型水生植物，抑制藻类增长；发挥以藻类为食饵的鱼类等次级生产者的优点，控制藻类数量。

5.1.4.2 水处理厂藻类控制技术

（1）预氧化除藻

化学预氧化除藻是通过氧化剂来氧化破坏水中的藻类细胞和有机物的结构。目前采用的氧化剂主要有氯气、臭氧、二氧化氯、过氧化氢、高锰酸钾等。

预氯化氧化是应用最早和目前应用最广泛的方法。预氯化常用于水处理工艺以杀死藻类，使其藻毒素易于在后续水处理工艺中去除。但是，预加氯过程中氯与原水中较高浓度的有机物作用会生成一系列对人体有害的卤代有机物，如三卤甲烷等致癌物质，对人体健康不利。同时，加氯氧化后，对一些藻类去除率有一定限制，如对水中的颤藻去除效果不理想。另外，高藻水的 pH 值较高，ClO^- 多，使某些藻类的去除率并不随着氯量的增加而增高。

臭氧是一种很强的氧化剂，能起到很好的灭藻作用，死亡的藻细胞易于在后续工艺中去除。另外，藻类被氧化剂氧化后，会释放出有机碳、土腥臭代谢物，这些产物会被臭氧立刻氧化掉，而其他氧化剂对消除这些代谢物的味和臭不起作用，这是臭氧的优点。但采用臭氧法处理时，如果有溴离子存在，会产生溴酸盐。该法所需技术设备投资大，运行操作管理技能要求严，运行费用较高。

高锰酸钾是一种常见的消毒剂，投加高锰酸钾可以有效提高藻类的去除率，对碱性水的除藻效果优于中性或酸性水。一般投加量为 $1\sim3mg/L$、接触时间为 $1\sim2h$，也有投加量为 $10mg/L$、接触时间为 $10\sim15min$ 的特殊情况。但是，随着高锰酸钾投加量的增加，出水浊度也会提高。高锰酸钾具有较重的颜色，投加后容易使水的色度增加甚至超标，同时，需注意锰是否会超标。

近年来，人们认为二氧化氯可以作为一种有效的除藻剂。其除藻机理是藻类叶绿素中的吡咯环与苯环非常相似，二氧化氯对苯环具有一定的亲和性，能使苯环发生变化而无臭无味。二氧化氯也同样能作用于吡咯环，氧化叶绿素，致使藻类因新陈代谢终止且中断合成蛋白质而死亡。二氧化氯与藻类的反应速度极快，能够有效地控制霉味和鱼腥味等。二氧化氯使用过程中可能会产生一些对人体有害的亚氯酸盐和氯酸盐。

（2）强化混凝除藻

藻细胞属于胶体类物质，其直径在 $6\mu m$ 左右，可使用混凝剂来压缩藻类表面的负电荷双电层，从而形成很强的聚合体来进行沉淀过滤。

富营养化水体中藻类可分泌可溶性胞外有机物（EOM）。EOM 主要由含氮物质和戊糖胶类物质组成。当藻类浓度较高时，由于藻类个体微小，藻细胞外有黏性分泌物，由藻类分泌的糖酸和糖醛酸能与铁盐、铝盐混凝剂形成配合、络合物胶体而不利于脱稳，投加硫酸铝作为混凝剂可同时去除浊度和藻类，出水中藻类数量<100 万个/L 时所需混凝剂量远大于浊度<3NTU 时所需的量。其原因是黏土类胶体在 ζ 电位 = $-5mV$时即可完全脱稳，而藻类必须在 ζ 电位=0 时才能脱稳，致使混凝对其去除效果不佳。在高藻期内，水的 pH 值往往大于 7.0，对一些铝盐、铁盐无机混凝剂的水解也会产生不利影响。若对混凝加以强化，可大大提高除藻效率，甚至可达到 90% 以上。

常用的强化混凝方法有：在使用常规混凝剂的同时，调节 pH 值或加入一定量的活化硅酸、藻元酸钠及有机高分子助凝剂或加黏土、石灰乳、活性炭等药剂，以及施加电场、磁场、超声波、紫外辐射、电离辐射、混凝悬浮物再循环等非药剂法。

（3）气浮除藻

气浮法是利用气浮工艺使藻类上浮，进而将其去除，适用于去除密度较轻的藻类。近年来溶气气浮法除藻得到了广泛应用。

（4）微滤机除藻

微滤是一种简单的物理过滤方法，与其他过滤不同的是采用了滤网，以除去水中大于或等于滤网孔径的浮游动物和藻类。微滤机可用于低浊高藻的湖泊水除藻，在某些特殊情况下，例如需要去除浮游动物（蠕虫、甲壳动物等）时，也可以选用微滤机除藻。

（5）直接过滤除藻

直接过滤是指处理水不需要反应沉淀而直接滤池过滤的工艺。当湖泊水浊度较低时，可采用直接过滤处理。直接过滤条件不同，除藻效率不一样。采用均质砂滤池或双层滤料滤池进行直接过滤的工艺，藻类去除率约为 15%～75%。若进行预氯化—混凝—双层滤料滤池直接过滤，滤速<3m/h，则藻类的最优去除率约为 95%。当原水中藻类>1000 个/mL，过滤周期明显缩短。直接过滤不适宜处理含藻量极高的水，高藻水时需在过滤池前增加沉淀池或澄清池，但这样还可能出现滤池出水含藻量超过 1000 个/mL 的情况，需要进一步处理。

（6）生物膜法预除藻

生物膜法预处理中，填料上的生物膜可吸附、附着、机械截留、捕食消解水中的藻类。武汉东湖水厂进行的三相生物接触氧化预处理实验表明，该法可以去除 70%～90% 藻类。但是，在藻负荷较高时，欲取得良好的除藻效果仍需结合其他工艺。生物除藻的同时也降低了水中有机物的含量，可减少后续工艺中混凝剂的用量。生物陶粒滤池预处理中，在气水比 1:1 条件下，藻类可去除 50% 以上，大部分藻类的 EOM 被细菌分解，氨氮去除率在 80% 以上，COD_{Mn}、浊度、色度去除率也分别可达 25%、67.7% 和 33.7%。但由纤维素或二氧化硅等成分构成细胞壁的藻类，难以在短时间内分解彻底，在滤池中往往存在有大量的死藻体和有机碎片，并可能形成新的藻类。故在高藻期，生物滤池需要频繁地反冲洗。

（7）电化学法

吴星五等采用高温热解氧化法研制出以钛板或钛棒为基体，表面含铱等贵金属氧化物涂层的阳极，该类电极催化产生的活性氧具有较强的灭藻效果，且电解过程中自身不溶解，电流密度为 $1A/cm^2$，强化试验寿命大于 33000min，超过了强化试验寿命不小于 800min 和铱寿命不小于 3000min 的国家标准。

电子水处理器是一类新型的水处理设备，它可通过电化学作用使水分子结构发生变化，从而防止钙、镁盐等在热交换管道表面沉积。当水流过水处理器时，水体中微生物也同样会受到水处理器中电场和电流的作用，水分子结构的变化也会对微生物细胞产生影响。

5.2 单种药剂预氧化灭藻试验研究

5.2.1 氧化剂灭藻机理

（1）次氯酸钠灭藻机理

次氯酸钠溶入水后有次氯酸（HClO）生成，HClO 是灭藻的主要有效成分，HClO

能与藻细胞内的酶发生作用，并能破坏酶系统而使其失去活性，使藻类的生命活动受到阻碍而死亡。酶是一种蛋白质成分的催化剂，它存在于所有细胞中，维持细胞的生存，起了极其重要的作用。HClO破坏酶从而达到杀藻的作用。

（2）二氧化氯灭藻机理

二氧化氯的灭藻活性与其强氧化性有关。二氧化氯能释放新生态氧，实现强氧化作用，有研究认为，二氧化氯的强氧化能力更可能归于二氧化氯和亚氯酸根离子的再循环，当二氧化氯还原到亚氯酸根离子时，亚氯酸根离子再经过至少一个中间体复合物亚氯酸，然后才转化为二氧化氯。二氧化氯在水中是以中性分子状态存在的，能够迅速扩散到带有负电荷的藻细胞表面，凭借其对细胞壁良好的吸附和穿透性能，渗透到细胞内部，强氧化作用破坏细胞中一定的功能性蛋白基团，使藻类细胞蛋白质的合成受到抑制，细胞正常代谢终止，从而灭活藻类。二氧化氯能够与构成微生物蛋白质的半胱氨酸的巯基（—SH）反应，使以巯基为活性点的酶钝化，从而快速控制藻类蛋白质的合成。

（3）臭氧灭藻机理

臭氧的灭藻活性与其强氧化性有关。臭氧的氧化作用是溶裂藻细胞和杀藻，使死亡的藻类易于在后续工艺中去除。

（4）高锰酸钾灭藻机理

高锰酸钾的灭藻活性与其强氧化性有关。铁为藻类合成叶绿素的必需元素，高锰酸钾使之发生氧化作用并沉降，从而延滞藻类生长。

5.2.2 原水水质

大伙房水库属于中度富营养化水体，必然造成藻类等微生物大量繁殖滋生。在每年的5～6月和8～9月藻类等微生物大量繁殖滋生。2018年8月29日到9月14日17次检测结果，水中藻浓度高达 $0.4 \times 10^7 \sim 1 \times 10^7$ 个/L，叶绿素a浓度为 $40 \sim 80 \mu g/L$。

试验用水取自人工湖。人工湖夏季昼夜温差大，水系水的对流加剧，深层水把丰富的氨、氮、磷及大量的有机物带到水体表层。水系水流动性小，加之表层水一直被富营养化，在强烈的光照下，藻类大量繁殖，主要以蓝藻为主，除水体发出难闻的臭味外，蓝藻及硅藻会释放各种藻毒素。试验用原水水质见表5-2。

表5-2　试验用原水水质

项目	pH值	叶绿素a值/($\mu g/L$)	COD_{Mn}/(mg/L)	浊度/NTU	水温/℃
最大值	7.52	131.58	7.36	12.35	25.4
最小值	6.46	27.57	5.98	8.97	16.8
平均值	6.99	74.44	6.67	10.66	21.1

5.2.3　次氯酸钠灭藻

5.2.3.1　次氯酸钠最佳投药量

往 5 个 1L 的烧杯中加入 1L 相同的原水样，1 号水样不加药剂，作为空白对照，其余水样加入 1mg/L、2mg/L、3mg/L、4mg/L 的次氯酸钠，加药 24h 后取样，测定全部水样的叶绿素 a 值。在原水水温为 20.8℃，pH 值为 6.89，原水还原性物质浓度为 7.21mg/L，反应时间为 24h 的条件下，次氯酸钠灭藻效果见图 5-1。

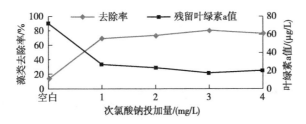

图 5-1　不同投加量下次氯酸钠灭藻效果

由图 5-1 可以看出，次氯酸钠具有一定的灭藻效果，随着次氯酸钠投加量的增加，次氯酸钠对藻类的去除率不断提高。投加 1mg/L 次氯酸钠，藻类去除率为 68.5%，当投加量增加到 3mg/L 时，藻类去除率增加到 79.07%，随后基本维持在 76.43% 左右。次氯酸钠最佳投加量为 3mg/L。

5.2.3.2　接触时间对灭藻效果的影响

在 6 个 1L 的烧杯中加入 1L 相同的原水样，1 号水样不加药剂，作为空白对照，其余水样加入 3mg/L 次氯酸钠，在反应了 4h、8h、12h、24h、30h 后，依次从烧杯中吸取水样测定叶绿素 a 值，次氯酸钠灭藻效果见图 5-2。

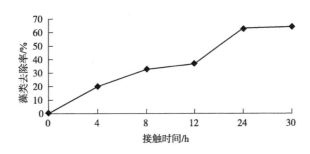

图 5-2　不同接触时间下次氯酸钠灭藻效果

由图 5-2 可以看出，0～8h 藻类去除率呈直线变化，0～4h 藻类去除率增长幅度达到 19.97%，4～8h 去除率提高了 12.67%。8～12h 去除率提高了 4.33%，增长速度趋于平缓，12～24h 藻类去除率提高了 26.42%，24～30h 藻类去除率再次提高了 0.78%。

因此，随着接触时间的延长，次氯酸钠对藻类的去除率逐渐提高；接触时间为 24～30h 比较合理。

5.2.3.3 pH 值对灭藻效果的影响

往 5 个 1L 的烧杯中分别加入 1L 相同的原水样，1 号水样不加药剂，作为空白对照，其余水样先加入适量硫酸或氢氧化钠来调整 pH 值，然后依次投加 3mg/L 次氯酸钠，加药后 24h 取样，测定全部水样的叶绿素 a 值。原水水温为 21.6℃，还原性物质浓度为 6.95mg/L，次氯酸钠的投加量为 3mg/L，反应时间为 24h，次氯酸钠灭藻效果见图 5-3。

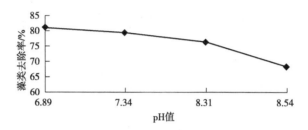

图 5-3 不同 pH 值下次氯酸钠灭藻效果

由图 5-3 可以看出，pH 值为 6.89 时，藻类去除率最高，为 80.96％。因此，在酸性条件下，次氯酸钠藻类去除率最高，随着 pH 值的增大，去除率在不断地下降。

5.2.3.4 水温对灭藻效果的影响

在原水还原性物质浓度为 7.32mg/L，次氯酸钠的投加量为 3mg/L，反应时间为 24h，pH 值为 6.89 的条件下，调整水温，次氯酸钠灭藻效果见图 5-4。

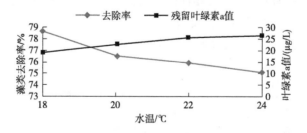

图 5-4 不同水温下次氯酸钠灭藻效果

由图 5-4 可以看出，温度对次氯酸钠灭藻有一定的影响。温度从 18℃升到 20℃时，藻类去除率从 78.56％降到 76.49％；从 20℃升到 22℃时，藻类去除率下降幅度减缓，下降幅度只有 0.59％；而从 22℃升到 24℃时，藻类去除率再次下降了 0.8％。因此，温度对次氯酸钠灭藻有一定的影响，随着温度的升高，藻类去除率不断下降。

5.2.3.5 水中还原物质浓度对灭藻效果的影响

在原水水温为 22.4℃，pH 值为 6.89，次氯酸钠的投加量为 3mg/L，反应时间为

24h 的条件下，改变水中还原物质浓度，次氯酸钠灭藻效果见图 5-5。

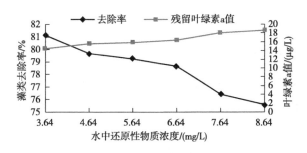

图 5-5　不同还原性物质浓度下次氯酸钠灭藻效果

　　水中还原性物质 COD_{Mn} 从 3.64mg/L 增加到 4.64mg/L 的过程中，藻类去除率从 81.14％下降到 79.67％，下降幅度达到 1.47％；在 COD_{Mn} 从 4.64mg/L 变化到 6.64mg/L 的过程中，藻类去除率几乎维持在一条直线上，而 COD_{Mn} 从 6.64mg/L 变化到 7.64mg/L 的过程中，去除率下降幅度加大，达到 2.24％；在 COD_{Mn} 从 7.64mg/L 变化到 8.64mg/L 的过程中，去除率下降幅度减缓，只有 0.8％。因此，水中还原物质浓度对次氯酸钠灭藻有一定的影响，并随着水中还原性物质浓度的提高，藻类去除率不断下降。

5.2.3.6　残余有效氯

　　投加不同浓度次氯酸钠灭藻，测水中残余有效氯。在原水水温为 20.8℃，pH 值为 6.89，原水还原性物质浓度为 7.21mg/L，反应时间为 24h 的条件下，水中余氯量见图 5-6。

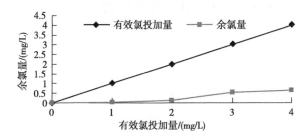

图 5-6　不同次氯酸钠投加量下的余氯量

　　由图 5-6 可以看出，余氯量随有效氯投加量的增加而增加，有效氯投加量＜2mg/L 时，余氯量增加缓慢，有效氯投加量为 3mg/L 时，余氯量迅速增为 0.55mg/L，此后随着有效氯投加量的增加，余氯增加量趋于缓慢。

　　在本试验条件下，次氯酸钠（以有效氯含量计）的适宜投加量为 3mg/L，该投加量既具有较高的藻类去除率又保证了适宜的余氯量。天津市芥园水厂的张柴等对高藻水的投氯量进行小试及生产性试验得出，为了减少氯化副产物，对进厂水的余氯值应控制在 0.3mg/L。

5.2.4 二氧化氯灭藻

5.2.4.1 二氧化氯最佳投药量

往 5 个 1L 的烧杯中加入 1L 相同的原水样，1 号水样不加药剂，作为空白对照，其余水样加入 0.5mg/L、1mg/L、2mg/L、3mg/L 的二氧化氯，加药后 24h 取样，测定全部水样的叶绿素 a 值，原水水温为 20.8℃，pH 值为 6.78，原水还原性物质浓度为 7.21mg/L，反应时间为 24h，结果见图 5-7。

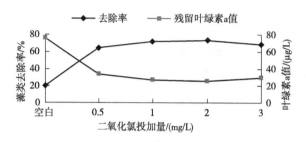

图 5-7 不同投加量下二氧化氯灭藻效果

由图 5-7 可以看出，二氧化氯具有一定的灭藻效果，并且随着二氧化氯投加量的增加，二氧化氯对藻类的去除率不断提高。投加二氧化氯 0.5mg/L 的藻类去除率为 64.53%，当投加量增加到 2mg/L 时，藻类去除率增加到 73.18%，随后基本维持在 68.86% 左右。用二氧化氯灭藻时，不会产生三卤甲烷，但当二氧化氯投加量较大时可能会产生较高浓度的亚氯酸盐副产物，对微污染水源水不宜使用。另外，原水中有特殊的藻类（如四尾栅藻）也将妨碍二氧化氯灭藻效果。因此，二氧化氯最佳投加量为 2mg/L。

5.2.4.2 接触时间对灭藻效果的影响

在 6 个 1L 的烧杯中加入 1L 相同的原水样，1 号水样不加药剂，作为空白对照，其余水样加入 2mg/L 二氧化氯，在反应了 2h、4h、12h、24h、30h 后，依次从烧杯中吸取水样测定叶绿素 a 值。试验是在原水水温为 19.2℃，pH 值为 6.78，原水还原性物质浓度为 6.54mg/L，二氧化氯采用最佳投加量 2mg/L 的条件下进行的，结果见图 5-8。

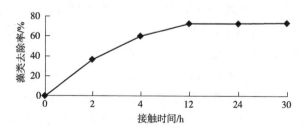

图 5-8 不同接触时间下二氧化氯灭藻效果

由图 5-8 可以看出，在 0～2h 这个时间段，藻类去除率增长幅度达到 36.41%，而在 2～4h 这个时间段，去除率提高了 23.80%；在 4～12h 这个时间段，去除率提高了 12.65%；在 0～12h 这个时间段，藻类去除率有逐渐减缓的趋势；在 12～24h 这个时间段，去除率提高了 0.32%；而在 24～30h 这个时间段，藻类去除率再次提高了 0.16%。可见水样在经历 18h 处理的过程中，去除率只有小幅度的提高，故可认为适宜的二氧化氯灭藻接触时间为 12～24h。

5.2.4.3　pH 值对灭藻效果的影响

往 5 个 1L 的烧杯中加入 1L 相同的原水样，1 号水样不加药剂，作为空白对照，其余水样先加入适量硫酸或氢氧化钠来调整 pH 值，然后依次投加 2mg/L 二氧化氯，加药后 24h 取样测定全部水样的叶绿素 a 值。原水水温为 21.6℃，还原性物质浓度为 7.32mg/L，二氧化氯的投加量为 2mg/L，反应时间为 24h，结果见图 5-9。

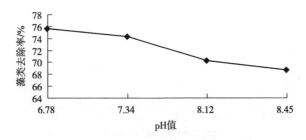

图 5-9　不同 pH 值下二氧化氯灭藻效果

由图 5-9 可以看出，pH 值由 7.34 调到 6.78，藻类去除率由 74.35% 提高到 75.68%；pH 值由 7.34 调到 8.12，藻类去除率略有下降，降为 70.25%；而当 pH 值由 7.34 调到 8.45 时，藻类去除率下降了 5.6%。pH 值对二氧化氯的氧化能力影响非常明显，酸性越强二氧化氯的氧化能力亦越强。在酸性条件下，二氧化氯藻类去除率最高，随着 pH 值的增高，去除率在不断地下降。

5.2.4.4　水温对灭藻效果的影响

在原水还原性物质浓度为 7.23mg/L，二氧化氯的投加量为 2mg/L，反应时间为 24h，pH 值为 6.78 的条件下，改变水温，结果见图 5-10。

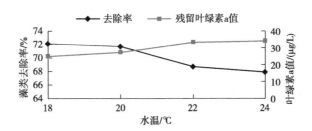

图 5-10　不同水温下二氧化氯灭藻效果

由图 5-10 可以看出，温度对二氧化氯灭藻有一定的影响。温度从 18℃升到 20℃时，藻类去除率从 72.14％降到 71.65％；从 20℃升到 22℃时，藻类去除率下降幅度加大，下降幅度达到 2.9％；而从 22℃升到 24℃时，藻类去除率下降了 0.81％。随着温度的升高，二氧化氯对藻类去除率不断下降。

5.2.4.5 水中还原性物质浓度对灭藻效果的影响

对原水进行一定量的稀释，测定稀释后水样的叶绿素 a 值及 COD_{Mn} 值。将稀释后的水样分别加入 6 个 1L 的烧杯中，1 号水样不投加葡萄糖，作为空白对照，其余水样通过投加葡萄糖来调节水样中还原性物质 COD_{Mn} 浓度，其余水样加入 2mg/L 二氧化氯，加药后 24h 取样测定全部水样的叶绿素 a 值。原水水温为 21.6℃，pH 值为 6.78，二氧化氯的投加量为 2mg/L，反应时间为 2h，结果见图 5-11。

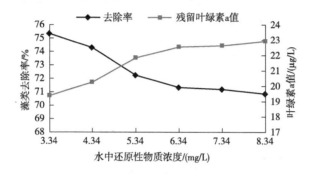

图 5-11 不同还原性物质浓度下二氧化氯灭藻效果

由图 5-11 可以看出，在 COD_{Mn} 从 3.34mg/L 变化到 4.34mg/L 的过程中，藻类去除率从 75.35％下降到 74.28％，下降幅度达到 1.07％；在 COD_{Mn} 从 4.34mg/L 变化到 6.34mg/L 的过程中，藻类去除率再次下降了 2.44％；而 COD_{Mn} 从 6.34mg/L 变化到 8.34mg/L 的过程中，藻类去除率下降趋势减缓，几乎维持在一条直线上。

水中还原物质浓度对二氧化氯除藻有一定的影响，随着水中还原性物质浓度的提高，二氧化氯对藻类去除率不断下降。

5.2.5 臭氧灭藻

5.2.5.1 臭氧最佳投药量

往 5 个 1L 的烧杯中加入 1L 相同的原水样，1 号水样不加药剂，作为空白对照，其余水样分别加入 2mg/L、3mg/L、4mg/L、5mg/L 臭氧，加药 24h 后取样，测定全部水样中叶绿素 a 值。原水水温为 20.8℃，pH 值为 9.24，原水还原性物质浓度为 7.21mg/L，反应时间为 24h，结果见图 5-12。

由图 5-12 可以看出，臭氧具有一定的灭藻效果，并且随着臭氧投加量的增加，臭氧对藻类的去除率不断提高。投加臭氧 2.0mg/L 的藻类去除率为 56.33％，当投加量

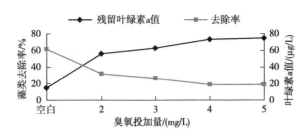

图 5-12　不同投加量下臭氧灭藻效果

增加到 4mg/L 时，藻类去除率增加到 73.48%，随后基本维持在 74.50% 左右。在臭氧投加量少时，臭氧不足以使藻体细胞完全溶裂；而当剂量增大后，臭氧不仅可以使更多的藻体细胞完全溶裂，而且可以扩散至藻细胞内部，破坏叶绿素 a 的结构。藻类被氧化剂氧化后，会释放出有机碳、土腥臭代谢物，这些产物会被臭氧立即氧化掉，而其他氧化剂对消除这些代谢物的味与臭不起作用。因此，臭氧最佳投加量为 4mg/L。

5.2.5.2　接触时间对灭藻效果的影响

在 6 个 1L 的烧杯中加入 1L 相同的原水样，1 号水样不加药剂，作为空白对照，其余水样加入 4mg/L 臭氧，在反应了 2h、4h、12h、24h、30h 后，依次从烧杯中吸取水样测定叶绿素 a 值。原水水温为 18.6℃，pH 值为 9.24，原水还原性物质浓度为 6.54mg/L，结果见图 5-13。

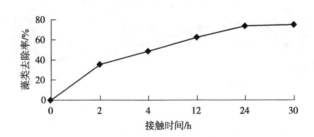

图 5-13　不同接触时间下臭氧灭藻效果

由图 5-13 可以看出，接触时间为 2h，藻类去除率达到 35.41%，2~4h 去除率提高了 13.49%，4~12h 去除率提高了 13.60%，12~24h 藻类去除率再次提高了 10.98%。在 0~24h 这个时间段，藻类去除率逐渐减缓；而在 24~30h 这个时间段，藻类去除率再次提高了 1.73%。臭氧灭藻适宜的接触时间为 24~30h。

5.2.5.3　pH 值对灭藻效果的影响

往 5 个 1L 的烧杯中加入 1L 相同的原水样，1 号水样不加药剂，作为空白对照，其余水样先加入适量硫酸或氢氧化钠来调整 pH 值，然后依次投加 4mg/L 臭氧，加药后 24h 取样测定全部水样的叶绿素 a 值。原水水温为 21.6℃，还原性物质浓度为 7.32mg/L，结果见图 5-14。

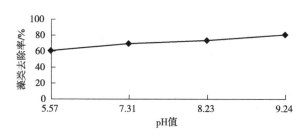

图 5-14　不同 pH 值下臭氧灭藻效果

由图 5-14 可以看出，pH 值由 5.57 调到 7.31，藻类去除率由 60.42% 升高到 69.54%；pH 值由 7.31 调到 8.23，藻类去除率略有提高，升为 73.61%；而当 pH 值由 7.31 调到 9.24 时，藻类去除率显著提高，提高幅度达到 10.91%。试验结果表明，臭氧在碱性条件下，氧化能力强，藻类去除率高。主要原因为：在碱性溶液中，臭氧与 OH^- 反应生成活性很高的 $OH\cdot$，臭氧在水中的分解速度随着 pH 值的提高而加快，因此，藻类去除率随着 pH 值的增高而不断提高。

5.2.5.4　水温对灭藻效果的影响

在原水还原性物质浓度为 7.23mg/L，臭氧投加量为 4mg/L，反应时间为 24h，pH 值为 9.24 的条件下，改变水温，结果见图 5-15。

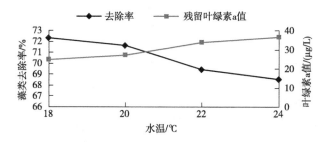

图 5-15　不同水温下臭氧灭藻效果

由图 5-15 可以看出，温度从 18℃ 升到 20℃ 时，藻类去除率从 72.30% 降到 71.60%，从 20℃ 升到 22℃ 时，藻类去除率下降幅度加大，下降幅度达到 2.18%，而从 22℃ 升到 24℃ 时，藻类去除率减缓，下降幅度只有 0.85%。因此，温度对臭氧灭藻有一定的影响，随着温度的升高，臭氧对藻类去除率不断下降。

5.2.5.5　水中还原物质浓度对灭藻效果的影响

对原水进行一定量的稀释，测定稀释后水样的叶绿素 a 值及 COD_{Mn} 值。将稀释后的水样分别加入 6 个 1L 的烧杯中，1 号水样不投加葡萄糖，作为空白对照，其余水样通过投加葡萄糖来调节水样中 COD_{Mn} 的值，之后加入 4mg/L 臭氧，加药后 24h 取样测定全部水样的叶绿素 a 值。原水水温为 21.6℃，pH 值为 9.24，结果见图 5-16。

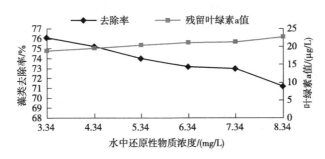

图 5-16　不同还原性物质浓度下臭氧灭藻效果

由图 5-16 可以看出，在 COD_{Mn} 从 3.34mg/L 变化到 6.34mg/L 的过程中，藻类去除率几乎维持直线下降，藻类去除率从 76.12% 下降到 73.14%，下降幅度达到 2.98%；而 COD_{Mn} 从 6.34mg/L 变化到 8.34mg/L 的过程中，藻类去除率下降趋势减缓。水中还原物质浓度对臭氧灭藻有一定的影响，随着水中还原性物质浓度的提高，臭氧对藻类去除率不断下降。

5.2.6　高锰酸钾灭藻

5.2.6.1　高锰酸钾最佳投药量

高锰酸钾作为一种强氧化剂，其强氧化性抑制了藻类的游动性，并使具有助凝作用的生物聚合物得以释放，促使直接过滤的藻类去除率提高。藻类的去除主要是因为氧化作用使藻细胞消散与裂解，但释放出来的细胞内有机物对混凝却有副作用。往 5 个 1L 的烧杯中加入 1L 相同的原水样，1 号水样不加药剂，作为空白对照，其余水样加入 0.4mg/L、0.6mg/L、0.8mg/L、1.0mg/L 的高锰酸钾，加药后 24h 取样测定全部水样的叶绿素 a 值。试验是在原水水温为 20.8℃，pH 值为 8.15，原水还原性物质浓度为 7.21mg/L，反应时间为 24h 的条件下进行的，结果见图 5-17。

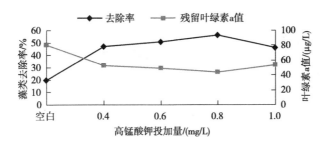

图 5-17　不同投加量下高锰酸钾灭藻效果

从图 5-17 中可以看出，高锰酸钾具有一定的灭藻效果，但效果不如其他灭藻剂。投加 0.4mg/L 高锰酸钾，藻类去除率仅为 47.15%，当投加量增加到 0.8mg/L 时，藻类去除率增加到 56.12%，随后基本维持在 46.15% 左右。随着高锰酸钾投加量的增加，出水的浊度也会增高，因此，高锰酸钾最佳投加量为 0.8mg/L。

5.2.6.2　接触时间对灭藻效果的影响

往 6 个 1L 的烧杯中加入 1L 相同的原水样，1 号水样不加药剂，作为空白对照，其余水样加入 0.8mg/L 高锰酸钾，在反应了 4h、8h、12h、24h、30h 后，依次从烧杯中吸取水样测定叶绿素 a 值，原水水温为 18.6℃，pH 值为 8.15，原水还原性物质浓度为 6.54mg/L，结果见图 5-18。

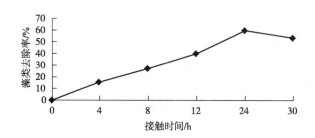

图 5-18　不同接触时间下高锰酸钾灭藻效果

由图 5-18 可以看出，在 0~12h 这个时间段，去除率呈直线增长；在 0~4h 这个时间段，藻类去除率增长幅度达到 15.61%；在 4~8h 这个时间段，去除率提高了 11.85%；在 8~12h 这个时间段，去除率提高了 12.44%。在 12~24h 这个时间段，藻类去除率再次提高了 19.93%；而在 24~30h 这个时间段，藻类去除率下降了 6.35%。高锰酸钾灭藻适宜的接触时间为 24~30h。

5.2.6.3　pH 值对灭藻效果的影响

往 5 个 1L 的烧杯中加入 1L 相同的原水样，1 号水样不加药剂，作为空白对照，其余水样先加入适量硫酸或氢氧化钠来调整 pH 值，然后依次投加 0.8mg/L 高锰酸钾，加药后 24h 取样测定全部水样的叶绿素 a 值。原水水温为 21.6℃，还原性物质浓度为 7.32mg/L，结果见图 5-19。

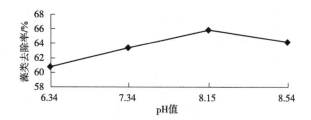

图 5-19　不同 pH 值下高锰酸钾灭藻效果

由图 5-19 可以看出，pH 值由 6.34 调到 7.34，藻类去除率由 60.77% 升高到 63.43%；pH 值由 7.34 调到 8.15，藻类去除率略有提高，升高到 65.87%；而当 pH 值由 8.15 调到 8.54 时，藻类去除率略有下降，下降了 0.88%。可见，随着 pH 值增高，高锰酸钾氧化速度加快，藻类去除率不断提高。高锰酸钾灭藻最佳 pH 值为 8.15。

5.2.6.4　水温对灭藻效果的影响

在原水还原性物质浓度为 7.23mg/L，高锰酸钾投加量为 0.8mg/L，反应时间为 24h，pH 值为 8.15 的条件下，改变水温，结果见图 5-20。

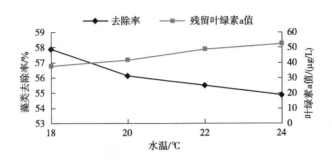

图 5-20　不同水温下高锰酸钾灭藻效果

由图 5-20 可以看出，温度从 18℃升到 20℃时，藻类去除率从 57.89% 降到 56.15%，从 20℃升到 22℃时，藻类去除率下降了 0.63%，下降幅度减缓，而从 22℃ 升到 24℃时，下降了 0.62%。温度对高锰酸钾灭藻有影响，随着温度的升高，高锰酸 钾对藻类去除率不断下降。

5.2.6.5　水中还原物质浓度对灭藻效果的影响

对原水进行一定量的稀释，测定稀释后水样的叶绿素 a 值及 COD_{Mn} 值。将稀释后 的水样分别加入 6 个 1L 的烧杯中，1 号水样不投加葡萄糖，作为空白对照，其余水样 通过投加葡萄糖来调节水样中 COD_{Mn} 值，加入 0.8mg/L 高锰酸钾，加药后 24h 取样测 定全部水样的叶绿素 a 值。原水水温为 22.4℃，pH 值为 8.15，结果见图 5-21。

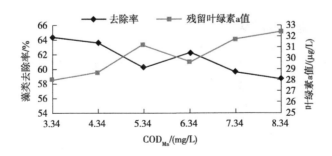

图 5-21　不同水中还原性物质浓度下高锰酸钾灭藻效果

由图 5-21 可以看出，水中还原物质浓度对高锰酸钾有一定的影响。COD_{Mn} 浓度 从 3.34mg/L 变化到 5.34mg/L 的过程中，藻类去除率从 64.35% 下降到 60.27%， 下降幅度达到 4.08%，在 COD_{Mn} 从 5.34mg/L 变化到 6.34mg/L 的过程中，藻类去除率有一定幅度的上升，而 COD_{Mn} 从 6.34mg/L 变化到 8.34mg/L 的过程中，去除率下降幅度加大。

5.2.7 不同氧化剂灭藻效果比较

由于原水水质随机性较大，特别是原水藻类数量变化频繁且无规律，故需采用同一水样，以比较其灭藻效果，从而优选适宜的灭藻剂。药剂剂量采用单独灭藻试验最佳剂量，原水叶绿素 a 值为 84.25～107.83μg/L，处理后水样中残留叶绿素 a 值为 17.63～43.60μg/L。比较不同氧化剂灭藻效果，结果见图 5-22。

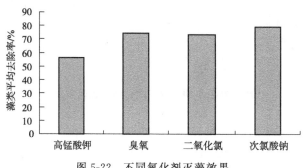

图 5-22　不同氧化剂灭藻效果

由图 5-22 可以看出，0.8mg/L 高锰酸钾的藻类平均去除率为 56.22%，2mg/L 二氧化氯的藻类平均去除率为 73.18%，5mg/L 臭氧的藻类平均去除率为 74.5%，3mg/L 次氯酸钠的藻类平均去除率为 79.07%。因此，在本试验条件下，四种灭藻剂对藻类的去除效果由强到弱依次是：次氯酸钠＞臭氧＞二氧化氯＞高锰酸钾。

5.3 复配药剂灭藻试验研究

5.3.1 次氯酸钠与臭氧复配灭藻

选取 6 种 $NaClO+O_3$ 复配方案，考察 NaClO 与 O_3 不同复配比例及投加次序对灭藻效果的影响。每种方案各单种药剂投加量按照最佳投药量，以一定比例确定。A 方案：$2/3NaClO+1/3O_3$，总投加量为 3.33mg/L；B 方案：$1/3NaClO+2/3O_3$，总投加量为 3.67mg/L；C 方案：$1NaClO+0O_3$，总投加量为 3mg/L；D 方案：$2/3O_3+1/3NaClO$，总投加量为 3.67mg/L；E 方案：$1/3O_3+2/3NaClO$，总投加量为 3.33mg/L；F 方案：$1O_3+0NaClO$，总投加量为 4mg/L。

往 7 个 1L 的烧杯中加入 1L 相同的原水样，1 号水样不加药剂，作为空白对照，其余水样按照以上 6 种方案进行投加，加药 24h 后取样，测定全部水样的叶绿素 a 值。原水水温为 22.4℃，pH 值为 8.15，叶绿素 a 值为 28.62μg/L，反应时间为 24h，结果见表 5-3。

表 5-3　次氯酸钠与臭氧复配灭藻

方案	原水叶绿素 a 值/(μg/L)	剩余叶绿素 a 值/(μg/L)	藻类去除率/%
A	80.13	11.54	85.60
B	80.13	13.30	83.40
C	80.13	15.63	80.50
D	80.13	12.90	83.90
E	80.13	10.58	86.80
F	80.13	21.31	73.40

E 方案（$1/3O_3 + 2/3NaClO$）藻类去除率最高，达到 86.80%。次氯酸钠与臭氧复配药剂 A 方案、B 方案、D 方案以及 E 方案，与采用一种灭藻剂单独灭藻 C 方案及 F 方案相比，具有更高的藻类去除率。使用次氯酸钠与臭氧复配药剂，先投加臭氧具有更高的去除率，提高次氯酸钠的比例，去除率也会增大。

5.3.2　次氯酸钠与高锰酸钾复配灭藻

选取 6 种 $NaClO + KMnO_4$ 复配的方案，考察 $NaClO$ 与 $KMnO_4$ 不同复配比例及投加次序对灭藻效果的影响。每种方案各单种药剂投加量按照最佳投药量，以一定比例确定。A 方案：$2/3KMnO_4 + 1/3NaClO$，总投加量为 1.53mg/L；B 方案：$1/3KMnO_4 + 2/3NaClO$，总投加量为 2.27mg/L；C 方案：$1KMnO_4 + 0NaClO$，总投加量为 0.8mg/L；D 方案：$0KMnO_4 + 1NaClO$，总投加量为 3mg/L；E 方案：$2/3NaClO + 1/3KMnO_4$，总投加量为 2.27mg/L；F 方案：$1/3NaClO + 2/3KMnO_4$，总投加量为 1.53mg/L。

7 个 1L 的烧杯中加入 1L 相同的原水样，1 号水样不加药剂，作为空白对照，其余水样按照以上 6 种方案进行投加，加药 24h 后取样，测定全部水样的叶绿素 a 值，原水水温为 22.4℃，pH 值为 8.15，叶绿素 a 值为 80.13μg/L，结果见表 5-4。

表 5-4　次氯酸钠与高锰酸钾复配灭藻

方案	原水叶绿素 a 值/(μg/L)	剩余叶绿素 a 值/(μg/L)	藻类去除率/%
A	39.43	7.65	80.60
B	39.43	7.08	82.04
C	39.43	12.42	68.50
D	39.43	8.20	79.20
E	39.43	6.22	84.23
F	39.43	7.72	80.42

E 方案（$2/3NaClO + 1/3KMnO_4$）藻类去除率最高，达到 84.23%。与采用一种灭藻剂单独灭藻 C 方案及 D 方案相比，次氯酸钠与高锰酸钾复配药剂都具有更高的藻类

去除率。使用次氯酸钠与高锰酸钾复配药剂，先投加次氯酸钠具有更高的去除率，提高次氯酸钠的比例，去除率也会增加。

5.3.3 二氧化氯与臭氧复配灭藻

选取 8 种 $ClO_2 + O_3$ 复配方案，考察 ClO_2 与 O_3 不同复配比例及投加次序对灭藻效果的影响。每种方案各单种药剂投加量按照最佳投药量，以一定比例确定。A 方案：$1/4ClO_2 + 3/4O_3$，总投加量为 3.5mg/L；B 方案：$1/2ClO_2 + 1/2O_3$，总投加量为 3mg/L；C 方案：$3/4ClO_2 + 1/4O_3$，总投加量为 2.5mg/L；D 方案：$1ClO_2 + 0O_3$，总投加量为 2mg/L；E 方案：$1/4O_3 + 3/4ClO_2$，总投加量为 3.5mg/L；F 方案：$1/2O_3 + 1/2ClO_2$，总投加量为 3mg/L；G 方案：$3/4O_3 + 1/4ClO_2$，总投加量为 3.2mg/L；H 方案：$1O_3 + 0ClO_2$，总投加量为 4mg/L。

9 个 1L 的烧杯中加入 1L 相同的原水样，1 号水样不加药剂，作为空白对照，其余水样按照以上 8 种方案进行投加，加药 24h 后取样，测定全部水样的叶绿素 a 值。原水水温为 22.4℃，pH 值为 8.15，叶绿素 a 值为 71.88μg/L，结果见表 5-5。

表 5-5　二氧化氯与臭氧复配灭藻

方案	原水叶绿素 a 值/(μg/L)	剩余叶绿素 a 值/(μg/L)	藻类去除率/%
A	71.88	21.43	82.46
B	71.88	23.48	89.50
C	71.88	20.55	84.36
D	71.88	26.65	74.28
E	71.88	22.02	85.32
F	71.88	25.32	91.20
G	71.88	29.21	81.36
H	71.88	43.08	72.47

可以看出，F 方案（$1/2O_3 + 1/2ClO_2$）藻类去除率最高，达到 91.20%，B 方案次之，低了 1.70%。复配药剂无论是 A 方案、B 方案、C 方案、E 方案、F 方案以及 G 方案，与采用一种灭藻剂单独灭藻 D 方案及 H 方案相比，都具有更高的藻类去除率。ClO_2 与 O_3 复配药剂当 ClO_2 和 O_3 投加比为 1∶1 时，藻类去除率最高，并且，先投加臭氧，会使去除率进一步增大。

5.3.4 二氧化氯与高锰酸钾复配灭藻

选取 8 种 $ClO_2 + KMnO_4$ 复配方案，考察 ClO_2 与 $KMnO_4$ 不同复配比例及投加次序对灭藻效果的影响。每种方案各单种药剂投加量按照最佳投药量，以一定比例确定。

A 方案：$1/4ClO_2 + 3/4KMnO_4$，总投加量为 1.1mg/L；B 方案：$1/2ClO_2 + 1/2KMnO_4$，总投加量为 1.4mg/L；C 方案：$3/4ClO_2 + 1/4KMnO_4$，总投加量为 1.7mg/L；D 方案：$1ClO_2 + 0KMnO_4$，总投加量为 2mg/L；E 方案：$3/4KMnO_4 + 1/4ClO_2$，总投加量为 1.1mg/L；F 方案：$1/2KMnO_4 + 1/2ClO_2$，总投加量为 1.4mg/L；G 方案：$1/4KMnO_4 + 3/4ClO_2$，总投加量为 1.7mg/L；H 方案：$1KMnO_4 + 0ClO_2$，总投加量为 0.8mg/L。

往 9 个 1L 的烧杯中加入 1L 相同的原水样，1 号水样不加药剂，作为空白对照，其余水样按照以上 8 种方案进行投加，加药 24h 后取样，测定全部水样的叶绿素 a 值，原水水温为 22.4℃，pH 值为 8.15，叶绿素 a 值为 71.88μg/L，结果见表 5-6。

表 5-6　二氧化氯与高锰酸钾复配灭藻

方案	原水叶绿素 a 值/(μg/L)	剩余叶绿素 a 值/(μg/L)	藻类去除率/%
A	99.58	21.43	78.48
B	99.58	23.48	76.42
C	99.58	20.55	79.35
D	99.58	26.65	73.24
E	99.58	22.02	77.89
F	99.58	25.32	74.57
G	99.58	29.21	70.67
H	99.58	43.08	56.74

可以看出，C 方案（$3/4ClO_2 + 1/4KMnO_4$）藻类去除率最高，达到 79.35%，A 方案次之，低了 0.87%。与采用一种灭藻剂单独灭藻 D 方案及 H 方案相比，二氧化氯与高锰酸钾复配药剂都具有更高的藻类去除率。使用二氧化氯与高锰酸钾复配药剂，先投加二氧化氯具有更高的去除率，提高二氧化氯的比例，去除率也会增大。

5.3.5　高锰酸钾与臭氧复配灭藻

选取 8 种 $KMnO_4 + O_3$ 复配方案，考察 $KMnO_4$ 与 O_3 不同复配比例及投加次序对灭藻效果的影响。每种方案各单种药剂投加量按照最佳投药量，以一定比例确定。A 方案：$1/4KMnO_4 + 3/4O_3$，总投加量为 3.2mg/L；B 方案：$1/2KMnO_4 + 1/2O_3$，总投加量为 2.4mg/L；C 方案：$3/4KMnO_4 + 1/4O_3$，总投加量为 1.6mg/L；D 方案：$1KMnO_4 + 0O_3$，总投加量为 0.8mg/L；E 方案：$3/4O_3 + 1/4KMnO_4$，总投加量为 3.2mg/L；F 方案：$1/2O_3 + 1/2KMnO_4$，总投加量为 2.4mg/L；G 方案：$1/4O_3 + 3/4KMnO_4$，总投加量为 1.6mg/L；H 方案：$1O_3 + 0KMnO_4$，总投加量为 4mg/L。

往 9 个 1L 的烧杯中加入 1L 相同的原水样，1 号水样不加药剂，作为空白对照，其余水样按照以上 8 种方案进行投加，加药后 24h 取样测定全部水样的叶绿素 a 值。原水水温为 22.4℃，pH 值为 8.15，叶绿素 a 值为 55.63μg/L，结果见表 5-7。

表 5-7 高锰酸钾与臭氧复配灭藻

方案	原水叶绿素 a 值/(μg/L)	剩余叶绿素 a 值/(μg/L)	藻类去除率/%
A	55.63	18.50	66.75
B	55.63	16.39	70.53
C	55.63	15.20	72.67
D	55.63	20.44	63.25
E	55.63	14.29	74.32
F	55.63	17.67	68.24
G	55.63	17.13	69.20
H	55.63	13.80	75.20

可以看出，H 方案（$1O_3+0KMnO_4$）藻类去除率最高，达到 75.20%，E 方案次之。使用高锰酸钾与臭氧复配药剂，随着臭氧投加比例的增加，藻类去除率会不断增高，改变高锰酸钾与臭氧的比例，藻类去除效果不会好于臭氧单独灭藻。

5.3.6 高锰酸钾、臭氧与二氧化氯复配灭藻

选取 9 种 $KMnO_4+O_3+ClO_2$ 复配方案，考察 $KMnO_4$、O_3 与 ClO_2 不同复配比例及投加次序对灭藻效果的影响。每种方案各单种药剂投加量按照最佳投药量，以一定比例确定。A 方案：$1/4KMnO_4+1/4O_3+1/2ClO_2$，总投加量为 2.8mg/L；B 方案：$1/4KMnO_4+1/2O_3+1/4ClO_2$，总投加量为 2.7mg/L；C 方案：$1/4KMnO_4+3/4O_3+0ClO_2$，总投加量为 3.2mg/L；D 方案：$0KMnO_4+3/4O_3+1/4ClO_2$，总投加量为 3.5mg/L；E 方案：$1/2KMnO_4+1/4O_3+1/4ClO_2$，总投加量为 1.9mg/L；F 方案：$1/4KMnO_4+0O_3+3/4ClO_2$，总投加量为 1.7mg/L；G 方案：$0KMnO_4+1/4O_3+3/4ClO_2$，总投加量为 2.5mg/L；H 方案：$3/4KMnO_4+1/4O_3+0ClO_2$，总投加量为 1.6mg/L；I 方案：$3/4KMnO_4+0O_3+1/4ClO_2$，总投加量为 1.1mg/L。

往 10 个 1L 的烧杯中加入 1L 相同的原水样，1 号水样不加药剂，作为空白对照，其余水样按照以上九种方案进行投加，加药 24h 后取样，测定全部水样的叶绿素 a 值。原水水温为 22.4℃，pH 值为 8.15，叶绿素 a 值为 99.58μg/L，复配药剂灭藻结果见表 5-8。

表 5-8 高锰酸钾、臭氧与二氧化氯复配灭藻

方案	原水叶绿素 a 值/(μg/L)	剩余叶绿素 a 值/(μg/L)	藻类去除率/%
A	39.43	7.81	80.19
B	39.43	6.88	82.55
C	39.43	12.8	67.55

续表

方案	原水叶绿素 a 值/(μg/L)	剩余叶绿素 a 值/(μg/L)	藻类去除率/%
D	39.43	5	87.32
E	39.43	5.73	85.47
F	39.43	11.31	71.32
G	39.43	6.61	83.24
H	39.43	11.21	71.56
I	39.43	8.22	79.15

可以看出，D 方案（$0KMnO_4 + 3/4O_3 + 1/4ClO_2$）藻类去除率最高，达到 87.32%，E 方案次之，低了 1.85%。3 种药剂复配时，无论怎么改变高锰酸钾、臭氧和二氧化氯的比例，去除率都不会比 D 方案（即采用 $3/4O_3+1/4ClO_2$）高。

5.3.7　最佳预氧化灭藻工艺选择

从复配药剂灭藻试验中筛选出每组试验最佳灭藻效果组合方式，Ⅰ方案：$1/3O_3 + 2/3NaClO$；Ⅱ方案：$2/3NaClO + 1/3KMnO_4$；Ⅲ方案：$1/2O_3 + 1/2ClO_2$；Ⅳ方案：$3/4ClO_2 + 1/4KMnO_4$；Ⅴ方案：$1O_3 + 0KMnO_4$；Ⅵ方案：$3/4O_3 + 1/4ClO_2$。

采用同一水样，原水叶绿素 a 值为 84.25~107.83μg/L，处理后水样中残留叶绿素 a 值为 17.63~43.60μg/L，药剂剂量采用复配灭藻试验的最佳组合方式，比较Ⅰ~Ⅳ方案灭藻效果。经试验得出，Ⅰ方案藻类去除率为 86.80%，Ⅱ方案藻类去除率为 84.23%，Ⅲ方案藻类去除率为 91.20%，Ⅳ方案藻类去除率为 87.32%。因此，复配药剂对藻类的去除效果由强到弱依次是：（$1/2O_3 + 1/2ClO_2$）＞（$3/4O_3 + 1/4ClO_2$）＞（$1/3O_3 + 2/3NaClO$）＞（$2/3NaClO + 1/3KMnO_4$）＞（$3/4ClO_2 + 1/4KMnO_4$）＞（$1O_3 + 0KMnO_4$）。

5.4　氧化剂灭藻动力学模型

在最佳灭藻剂筛选静态试验基础上进行最佳灭藻工艺筛选动态模拟试验研究，以便为设计和运行提供合理的参数。

经模拟与分析得到，次氯酸钠一级反应模型为 $y = 115.52e^{-0.2156x}$，$R^2 = 0.9355$；二氧化氯一级反应模型为 $y = 126.18e^{-0.2738x}$，$R^2 = 0.8608$；臭氧一级反应模型为 $y = 87.887e^{-0.2844x}$，$R^2 = 0.9744$；高锰酸钾一级反应模型为 $y = 106e^{-0.1783x}$，$R^2 = 0.9064$。

综上，次氯酸钠、二氧化氯、臭氧和高锰酸钾四种灭藻剂均具有一定的灭藻效果，藻类去除率均随药剂投加量的增加而提高。采用次氯酸钠灭藻，适宜的投加量为 3mg/L，采用二氧化氯灭藻，适宜的投加量为 2mg/L，采用臭氧灭藻，适宜的投加量为 4mg/L，采用高锰酸钾灭藻，适宜的投加量为 0.8mg/L。次氯酸钠适宜的接触反应时间为 24～30h，二氧化氯适宜的接触反应时间为 12～24h，臭氧适宜的接触反应时间为 24～30h，高锰酸钾适宜的接触反应时间为 24～30h。

总之，水中还原物质浓度对次氯酸钠、二氧化氯、臭氧及高锰酸钾灭藻有一定的影响，随着水中还原性物质浓度的提高，藻类去除率不断下降。温度对四种灭藻剂灭藻有一定的影响，随着温度的升高，藻类去除率不断下降。在酸性条件下，次氯酸钠、二氧化氯藻类去除率最高，随着 pH 值的增高，去除率不断下降；在碱性条件下，臭氧、高锰酸钾氧化能力强，藻类去除率高，藻类去除率随着 pH 值的增高而不断提高。

通过灭藻效果比较，单种药剂灭藻效果排序为：次氯酸钠＞臭氧＞二氧化氯＞高锰酸钾。复配药剂灭藻时，灭藻效果最好的是二氧化氯与臭氧 1∶1 的复配方案。

第**6**章

紫外线消毒技术与工艺

近年来有关氯消毒副产物问题的不断出现，让人们认识到了水质安全的重要性。紫外线消毒由于其不产生消毒副产物、高效、杀菌广谱性强，特别是对贾第虫、隐孢子虫等原生动物的高效灭活率，被人们认为是绿色环保的消毒技术。

6.1 紫外线消毒原理与技术

6.1.1 紫外线消毒原理

紫外线是波段范围介于可见光的紫色光和 X 射线之间的光波，其波长范围在 100～400nm。紫外线可分为长波紫外线（315～400nm）、中波紫外线（280～315nm）、短波紫外线（200～280nm）和真空紫外线（100～200nm）4 个波段。DNA 对紫外线的吸收见图 6-1，紫外线在不同波长下的杀菌效果见图 6-2。

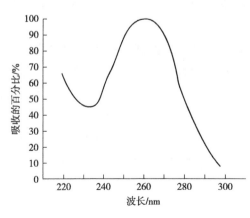

图 6-1　DNA 对紫外线的吸收

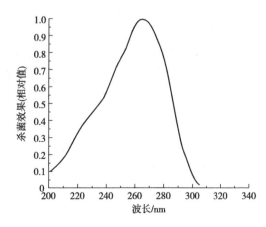

图 6-2　紫外线在不同波长下的杀菌效果

由图 6-1、图 6-2 可看出，当紫外线波长为 240～280nm 时，对细菌病毒的破坏性最强，尤其在波长为 253.7nm 时紫外线的杀菌作用最强，这是因为细菌的 DNA（脱氧核糖核酸）或 RNA（核糖核酸）对此波段的紫外线具有较好的吸收效果，且在 253.7nm 时吸收率最高。

紫外灭菌原理主要是基于核酸对紫外线的吸收。一方面，当紫外线照射时，一系列光化学反应会被激发，这些光化学反应会破坏或改变致病菌细胞壁或原生质中的 DNA 和 RNA 分子结构，从而阻止 DNA 或 RNA 的复制，最终导致病原菌的灭活。紫外对核酸的破坏主要是由于嘧啶二聚体的生成，这些嘧啶二聚体会使 DNA 或 RNA 的转录过程发生错误，破坏细胞代谢或其他生物功能，其中最常见的 2 种损伤形式为环丁烷嘧啶二聚体（CPDs）和嘧啶-嘧啶酮光产物（PPs）。另一方面，当紫外线与水接触时会发生光化学氧化反应，形成一系列氧化能力较强的自由基，这些氧化能力强的自由基也是消毒剂，可以导致细胞的死亡。

6.1.2 紫外线消毒技术

6.1.2.1 饮用水紫外线消毒技术

目前，欧洲有超过 3000 多个饮用水处理厂运用紫外线消毒工艺，规模比较大的有俄罗斯的圣彼得堡水厂，处理水量 $8.6 \times 10^5 \mathrm{m}^3/\mathrm{d}$；荷兰的鹿特丹水厂，处理水量 $4.7 \times 10^5 \mathrm{m}^3/\mathrm{d}$；德国的 Styrum-Ost 水厂，处理水量 $1.92 \times 10^5 \mathrm{m}^3/\mathrm{d}$；等等。

美国纽约自来水公司是目前世界上最大规模采用紫外线消毒的给水厂，其处理水量为 $8.32 \times 10^6 \mathrm{m}^3/\mathrm{d}$。北美其他地区采用紫外线消毒工艺的给水厂有加拿大蒙特利尔水厂，处理水量 $3 \times 10^6 \mathrm{m}^3/\mathrm{d}$；西雅图水厂，处理水量 $6.8 \times 10^5 \mathrm{m}^3/\mathrm{d}$；温哥华 Victorial 水厂，处理水量 $5.1 \times 10^5 \mathrm{m}^3/\mathrm{d}$；美国芝加哥中湖水厂，处理水量 $1.8 \times 10^5 \mathrm{m}^3/\mathrm{d}$；等等。

大庆东风水厂是我国第一个使用紫外线消毒技术的给水厂，处理规模为 $5.0 \times 10^4 \mathrm{m}^3/\mathrm{d}$。2009 年 7 月，天津开发区净水厂三期紫外线消毒工程建成，处理规模为 $1.5 \times 10^5 \mathrm{m}^3/\mathrm{d}$。上海临江水厂改造过程中也增加了紫外线消毒系统，处理规模为 $6.0 \times 10^5 \mathrm{m}^3/\mathrm{d}$。

美国国家环保局（EPA）已经证明，紫外线是目前控制隐孢子虫和贾第鞭毛虫最有效、可行的消毒技术，并且在 2006 年底出版了《紫外线消毒指南手册》，指导紫外线消毒系统的运行。我国在《生活饮用水卫生标准》（GB 5749—2006）中将微生物指标从 2 项提升至 6 项，其中包括贾第鞭毛虫（<1 个/10L）和隐孢子虫（<1 个/10L）。

由于各地水质及管网的差异，对紫外线消毒中所需的紫外剂量规定也不一样，法国、荷兰要求紫外剂量需达到 $25\mathrm{mJ/cm}^2$，挪威要求紫外剂量不低于 $16\mathrm{mJ/cm}^2$，美国和中国要求紫外剂量需达到 $40\mathrm{mJ/cm}^2$。

目前，各地对于饮用水紫外线消毒的应用方式存在较大差别，欧洲德国、荷兰、奥地利等地的一些给水厂一般采用单紫外线消毒的工艺，而北美地区的给水厂一般采用紫外＋氯联合的消毒方式，水经紫外线消毒进入管网前，适当增加余氯来控制管网二次污染问题。我国饮用水消毒技术仍以氯消毒为主，紫外线消毒无单独使用工艺，都是以氯、氯胺、臭氧等联合消毒。

6.1.2.2　紫外线联合消毒技术

由于紫外线消毒没有持续消毒能力，使得消毒后的水容易受到二次污染且水体中细菌容易发生复活，故通常将紫外线消毒与其他消毒技术联用。目前，与紫外线消毒联用的消毒剂主要有氯、氯胺、二氧化氯和臭氧等。

孙雯等通过试验得出，紫外＋氯消毒对于大肠杆菌的灭活与单独紫外线消毒相比，无太大协同作用，因为大肠杆菌对紫外或是氯都较敏感，很容易被灭活。而紫外＋氯联合消毒对芽孢的灭活比单紫外消毒效果好，这是因为紫外＋氯消毒的协同作用会产生羟基自由基和氯自由基，这 2 种自由基对芽孢都有消毒作用，故比单独紫外线消毒和单独氯消毒有较高的消毒效率。

潘晓等考察了紫外和化合氯联合消毒对生物活性炭深度处理工艺出水的消毒效果，结果显示，在紫外剂量为 $160J/m^2$ 时，氯对紫外出水的细菌灭活效果不佳，氯投加量为 3mg/L 时，灭菌率只有 85%；在紫外剂量为 $480J/m^2$ 时，细菌总数的对数去除率可达 2.61g，且氯投加量为 1mg/L，其灭菌率为 100%。

Nicola 用 UV 消毒与 UV＋氯联合消毒进行比较，发现在紫外剂量为 $40mJ/cm^2$ 时，UV 消毒对腺病毒的灭活效果为 11g；经过紫外剂量为 $40mJ/cm^2$ 的照射后，再经过氯胺 CT（质量浓度×时间）为 $27.2mg \cdot min/L$ 的消毒，对腺病毒的灭活效果提高到 41g。

Sharrer 等研究了紫外-臭氧联用对大肠杆菌的灭活效果，得出单独使用臭氧，CT 变化幅度为 $0.1 \sim 3.65min \cdot mg/L$ 时，大肠杆菌和细菌总数分别降低 $1.9 \sim 3.11g$ 和 $1.1 \sim 1.61g$，臭氧消毒 CT 值的变化对灭活率基本无影响。使用紫外-臭氧联合消毒时，在臭氧 CT 为 $0.1 \sim 3.65min \cdot mg/L$、紫外剂量为 $42.5 \sim 107.7mJ/cm$ 条件下，大肠杆菌和细菌总数分别降低 $2.5 \sim 4.31g$ 以及 $1.6 \sim 2.71g$，而且在臭氧 CT 为 $0.1 \sim 0.2min \cdot mg/L$、紫外剂量$\geqslant$50mJ/cm 时，水体中细菌总数为 0 个/mL。

Fang J 等研究紫外-臭氧消毒对纯水中 *E. coli* 和 MS2 的灭活效果，结果表明，在紫外-臭氧联合消毒作用下，当臭氧浓度为 0.02mg/L 时，联合作用虽能抑制细菌的复活，但不能提升细菌的灭活效果；当臭氧浓度为 0.05mg/L 时，*E. coli* 的对数去除率可达 $0.5 \sim 0.91g$。而紫外-臭氧的协同作用对 MS2 的灭活效果影响不明显，研究发现连续的臭氧-紫外-臭氧消毒对 MS2 的灭活效果影响较大，MS2 的对数去除率由 0.21g 提升至 0.81g。

6.1.2.3　基于 UV 高级氧化消毒技术

近年来，研究者们开始将 UV 的高级氧化技术用于消毒领域，如光催化氧化、UV-TiO_2、UV-H_2O_2、UV-O_3消毒技术等。UV 高级氧化技术主要机理是在 UV 照射下，产生具有强氧化能力的羟基自由基（·OH），高级氧化消毒技术不仅可以杀灭细菌，还可以使大分子难降解有机物氧化成低毒或无毒的小分子物质，是目前较新型的 UV 消毒技术。

使用 UV-TiO_2 光催化降解有机化合物一直是水净化研究的重点。R. Armon 等研

究了其对 *E. coli* CN13、MS2 和 *B. fragilis* 的灭活效果。研究结果表明，当 TiO_2 的浓度为 1mg/L 时，*E. coli* CN13、MS2 和 *B. fragilis* 在 5min 内分别灭活了 5 个数量级、4 个数量级和 2 个数量级；当照射时间为 60min 时，*E. coli* CN13 和 *B. fragilis* 的灭活率基本为 100%（*E. coli* CN13 的初始浓度为 106CFU/mL，*B. fragilis* 的初始浓度为 104CFU/mL），MS2 的浓度由 109CFU/mL 降至 102 CFU/mL。

C. Shang 研究得出，UV+TiO_2 高级氧化消毒技术中，通过改变 TiO_2 的投加量，能抑制饮用水中细菌的光复活和暗复活。TiO_2 投加量太少不能抑制细菌的复活，但太多会对 UV 消毒造成不利影响。

Zhang 等通过 UV-H_2O_2 对 *E. coli* 的灭活效果进行了研究，结果显示，当水力停留时间为 30min、H_2O_2 浓度为 20mg/L 时，*E. coli* 的对数去除率仅为 0.02lg；在此条件下添加 UV 剂量 10mJ/cm^2 时，*E. coli* 的对数去除率升至 4.51lg。UV 单独消毒和 UV-H_2O_2 在水力停留时间分别为 2.5min、5min、10min、20min 时，*E. coli* 的对数去除率分别为 0.09lg、0.35lg、0.38lg、0.68lg 和 0.01lg、0.07lg、0.14lg、0.53lg。UV-H_2O_2 相比 H_2O_2-UV 对 *E. coli* 的灭活效果好，在水力停留时间为 20min，UV 剂量为 5mJ/cm^2 时，*E. coli* 的对数去除率由 0.43 lg（H_2O_2-UV）升至 0.58lg（UV-H_2O_2）。

J. Chang 等将 UV-O_3 用于对 Microcystin-LR（MC-LR）消毒效果研究。结果显示，单独的 UV 消毒情况下，接触 0.5min，MC-LR 的去除百分数为 39%，当接触时间为 5min 时，MC-LR 的去除百分数为 66%。单独的 O_3 消毒情况下，当接触时间为 0.5min，O_3 浓度为 48μg/L 时，MC-LR 的去除百分数为 54%；当 O_3 浓度为 76μg/L 时，MC-LR 的去除百分数为 72%。UV-O_3 联合消毒情况下，在臭氧浓度为 76μg/L 时，MC-LR 在 0.5min 的去除百分数为 81%；且当臭氧浓度为 0.125mg/L 时，MC-LR（初始浓度为 1mg/L）在 1.5min 的去除百分数超过 99.5%。

6.1.2.4 紫外光源

近年来有部分研究者将改变的紫外灯光源用于饮用水消毒中，目前的紫外光源主要包括汞蒸气灯、氙灯和 UV-LED 等。

汞蒸气灯是最常用的紫外线光源，可分为低压汞灯、中压汞灯和高压汞灯 3 种。L. F. Batch 等研究显示，中压汞灯对 MS2、T4 噬菌体、T7 噬菌体和 *E. coli* 的灭活效果比低压汞灯强。

为提高灭菌效率，近年来不少学者将注意力转向脉冲光源（氙灯）。Z. Bohrerova 等研究表明，当紫外剂量为 3mJ/cm^2 时，低压紫外线、中压紫外线和脉冲紫外线对 10^6 CFU/mL 大肠杆菌、T4 噬菌体和 T7 噬菌体进行灭活，其对数去除率分别为大肠杆菌（1.75lg、1.80lg、4.26lg）、T4 噬菌体（2.55lg、2.67lg、4.29lg）和 T7 噬菌体（1.05lg、1.52lg、2.72lg）。由此可得，脉冲紫外线的灭活效果比低压和中压紫外线高，低压和中压紫外线的灭菌效果对大肠杆菌和 T4 噬菌体而言无明显差别，而对于 T7 噬菌体的灭活效果较明显，增加了 0.47lg。

Li 将 260nmUV-LED、280nmUV-LED 和 LP UV 消毒效果进行比较，研究得出，260nm 的 UV-LED 光源比 280nmUV-LED 光源、LP UV 光源对大肠杆菌的灭活效果更好。

6.2 紫外线消毒效果研究

基于目前国内外给水消毒工艺的现状，试验拟通过优化紫外线消毒的传递方式，研究紫外线在不同浊度、紫外线强度、水力停留时间下的消毒效果，同时研究在不同紫外线消毒条件下细菌的暗复活特点，检测各培养时间下水体中的典型菌株。主要研究目的有：

① 提高水中病原微生物的灭活效果，保证水的微生物学安全；

② 减少消毒过程中消毒副产物对人体健康的危害，即保证水的化学安全性；

③ 延长致病微生物的自我修复时长，即延长细菌的暗复活时间。

6.2.1 紫外线消毒试验装置

紫外线消毒器为圆柱状，长 1600mm，直径 400mm，容积为 201.06L，采用不锈钢材质制成，紫外线消毒器外观见图 6-3。水由泵抽入紫外线消毒器中，采用底端进水、顶端侧方向出水的方式，流量通过进水管上的转子流量计（100~1000L/h）控制，水通过 UV 灯管照射后，从角堰溢流出水，再由侧向出水管流出，紫外线消毒器内部结构见图 6-4。

图 6-3　紫外线消毒器外观

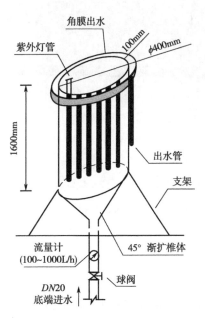

图 6-4　紫外线消毒器内部结构

试验所采用的灯管和石英管均为美国海诺威公司所制造。灯管为低压汞紫外线灯，共分为 3 种功率，分别为 40W、80W 和 120W，长度分别为 840mm、840mm 和 1150mm，电压为 220V，波长为 254nm，UV 灯管见图 6-5。

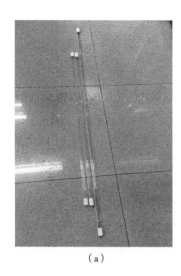 

（a）　　　　　　　　　　　（b）

图 6-5　UV 灯管

石英套管选用 214 石英管，厚度为 1.5mm，透光率≥80％，石英套管见图 6-6。石英管由顶部的螺口固定在铁盘上，UV 灯放入石英套管中开始工作，灯管与水流方向平行放置，在不锈钢桶内以等分形式布置，紫外线消毒器灯管布置见图 6-7。

 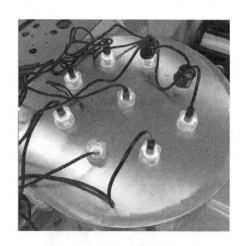

图 6-6　石英套管　　　　　　　　　图 6-7　紫外线消毒器灯管布置

6.2.2　试验方法

试验主要考察紫外线在不同情况下对水的消毒效果及水体中细菌暗复活情况。首先单独调整不同浊度、紫外线强度和水力停留时间值，观察在不同照射条件下的紫外线消毒效果，其次用中心组合设计法（CCD）对数据进行统计，并用响应面分析软件 Design Expert（Stat-Ease Inc.，version 8）对响应面进行分析，找出浊度、紫外线强度和水力停留时间交互作用对消毒效果的影响，最后通过 SAS 软件对试验结果进行岭嵴分析，找出消毒效果最优值。

经紫外杀菌器灭活后的水样放入棕色瓶中进行保存，模拟实际出厂水在管网里的温度，在温度为 19℃ 的生化培养箱中进行密闭遮光培养，培养时间为分别 0h、3h、6h、12h、18h、24h、32h 和 48h。利用 IDEXX 试剂盒测量经培养后水样的细菌总数，观察在不同照射条件下水体中细菌暗复活规律。通过试验结果找出浊度、紫外线强度、水力停留时间对细菌暗复活的影响。

通过三维荧光光谱（3D-EEM）分析在不同的紫外线强度和水力停留时间下，紫外线消毒对水中有机物的去除情况。按照《水质 总氮的测定》（HJ 636—2012）、《水质总磷的测定》（GB/T 11893—1989）和《生活饮用水标准检验方法》（GB/T 5750.7—2006）检测总氮、总磷和总有机碳等营养元素在消毒前后的变化情况，研究不同的紫外剂量对营养元素的影响。

（1）紫外线强度计

试验采用紫外线强度计（美国 Spectronics 公司 AccuMAX 系列数字式 XF-1000）检测水中紫外线强度，紫外线强度计见图 6-8。

XF-1000 主机外形尺寸（长×宽×高）为 19.7cm×10.8cm×3.2cm。紫外线强度计满足实验室及生物应用要求，具有防水、高性能带通滤色片、优秀的余弦反应及精度高等优点，其分辨率可高达 $1\mu W/cm^2$，全程精度优于 ±5%，可溯源到美国国家标准与技术研究院（NIST），紫外线强度计性能指标见表 6-1。

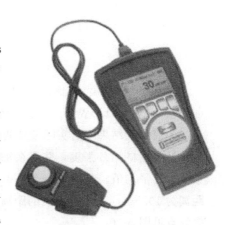

图 6-8　紫外线强度计

表 6-1　紫外线强度计性能指标

参数项目	描述
分辨率	根据测量值显示单位自动切换
	最多显示 4 位
白光	0.01lx（测量值为 0～29.99lx 时）
	0.1lx（测量值为 30.0～999.9lx 时）
	1lx（测量值为 1000～5300lx 时）
紫外线	$1\mu W/cm^2$（测量值为 0～9999$\mu W/cm^2$ 时）
	0.01mW/cm² （10$\mu W/cm^2$）（测量值为 10.00～99.99mW/cm² 时）
屏幕	"2.8" 液晶显示 128× 64 像素单色
采样率	7.5Hz（单个传感器时），15Hz（双传感器时）
读数更新	2Hz
全程精度	优于 ±5%，按 NIST 标准
温度系数	±0.025%/℃（0 ～50℃）

（2）紫外线强度测量方法

试验设计了 3 组不同的灯管排列方式（见图 6-9），灯管分别为 3 根、7 根和 19 根，代表不同的水层厚度。当灯管排列方式为 3 根时，水层厚度为 109mm；当灯管排列方式为 7 根时，水层厚度为 69mm；当灯管排列方式为 19 根时，水层厚度为 41.5mm。

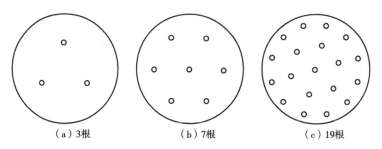

| （a）3根 | （b）7根 | （c）19根 |

图 6-9 灯管排列方式

用紫外线强度计测量在不同灯管密度及功率（40W、80W 和 120W）下，水中的紫外线强度的变化。

为使测量结果接近实际紫外线强度，分别在 3 处测量 UV 灯管的紫外强度，并且在每处采用十字划线法测量，取其平均值。其中，a 点为中心点，b 点到 a 点的距离为 10.5cm，c 点到 b 点的距离为 7cm，紫外线强度探测点见图 6-10。

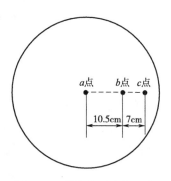

图 6-10 紫外线强度探测点

采取将紫外灯简化为点光源的方法，然后用点光源累加法计算紫外线消毒器内的平均紫外光强度。根据公式（6-1）计算在不同灯管数的情况下，紫外点光源的平均强度 AD。

$$AD = \pi \frac{r_1^2 \int_0^l \int_0^A \mathrm{d}x\,\mathrm{d}y + (r_2^2 - r_1^2)\int_0^l \int_0^B \mathrm{d}x\,\mathrm{d}y + (r_3^2 - r_2^2)\int_0^l \int_0^C \mathrm{d}x\,\mathrm{d}y}{Y_{总}} \tag{6-1}$$

式中　AD——紫外点光源平均强度，$\mu W/cm^2$；

$\quad\quad l$——灯管长，m；

r_1、r_2、r_3——a 点、b 点和 c 点处对应的辐照半径长度（对应指 a、b、c 三个点在圆环的中心上），此紫外线消毒器中 $r_1 = 0.07$m，$r_2 = 0.14$m，$r_3 = 0.21$m，见图 6-11；

A、B、C——a 点、b 点和 c 点处的紫外照射强度，结果见表 6-2~表 6-4；

$\mathrm{d}x$、$\mathrm{d}y$——计算空间内 x 轴、y 轴方向的微分；

$Y_{总}$——紫外线所照射水的总体积，m^3。

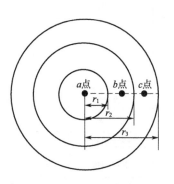

图 6-11 a、b、c 点辐照半径

表 6-2　功率为 120W 时，a、b、c 点的照射强度

灯管数/根	探测点	紫外线平均强度/(μW/cm^2)
19	a 点	6628.75
	b 点	6056.25
	c 点	5880.07
7	a 点	4069.51
	b 点	3687.59
	c 点	2892.75
3	a 点	1764.37
	b 点	2668.75
	c 点	1351.25

表 6-3　功率为 80W 时，a、b、c 点的照射强度

灯管数/根	探测点	紫外线平均强度/(μW/cm^2)
19	a 点	4601.25
	b 点	4946.12
	c 点	4773.85
7	a 点	3672.12
	b 点	3283.22
	c 点	1660.88
3	a 点	1290.66
	b 点	1410.25
	c 点	762.22

表 6-4　功率为 40W 时，a、b、c 点的照射强度

灯管数/根	探测点	紫外线平均强度/(μW/cm^2)
19	a 点	3083.75
	b 点	3235.43
	c 点	3039.25
7	a 点	1572.58
	b 点	2440.51
	c 点	1396.64
3	a 点	882.57
	b 点	1012.75
	c 点	213.75

在功率为 120W、80W、40W，且灯管数为 19 根、7 根、3 根的条件下，根据公式（6-1）计算出点光源的平均强度，结果见表 6-5。

表 6-5　紫外线平均强度

类别	灯管数/根	l/m	r_1/m	r_2/m	r_3/m	$AD/(\mu W/cm^2)$
120W	19	1.15	0.07	0.14	0.21	6021.983
	7	1.15	0.07	0.14	0.21	3288.448
	3	1.15	0.07	0.14	0.21	1836.319
80W	19	0.84	0.07	0.14	0.21	4812.096
	7	0.84	0.07	0.14	0.21	2425.131
	3	0.84	0.07	0.14	0.21	1036.946
40W	19	0.84	0.07	0.14	0.21	3109.588
	7	0.84	0.07	0.14	0.21	1764.146
	3	0.84	0.07	0.14	0.21	554.397

（3）紫外线剂量

紫外线剂量指单位面积上接收到的紫外线能量，单位为 MJ/cm^2 或 J/m^2，其大小直接关系到紫外线消毒效果的好坏。在紫外线消毒系统验证时，需对不同的流量、灯管输出功率、水层厚度等工作下的消毒情况进行测量，根据不同环境下紫外线的处理效果得到一个综合的紫外剂量数据。紫外线剂量（D）通常用式（6-2）计算。

$$D = \int_0^T I \, dt \tag{6-2}$$

式中　D——紫外剂量，mJ/cm^2；

　　　I——紫外线强度，mW/cm^2；

　　　T——停留时间，s。

（4）细菌数量检测

采用 IDEXX 试剂对水体中细菌的数量进行检测，检测方法如下。

① 将消毒后的水样进行培养，取出 9mL 蒸馏水和 1mL 培养水样放入 IDEXX 试剂瓶中进行混合，倒入试剂盘中摇匀，全程在无菌操作台内操作，然后倒置放入温度为 37℃的恒温箱内培养，48h 后取出，具体操作流程见图 6-12。

② 将取出的试剂盘放入 360nm 荧光检测仪中，观察试剂盘亮灯个数（IDEXX 试剂盘的最大可亮灯数为 84 颗），将亮灯数与表 6-6 进行对照，得出每毫升水样中细菌的数量。

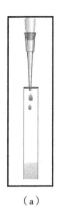
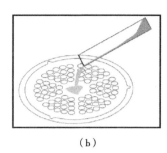
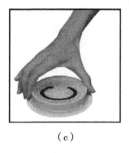
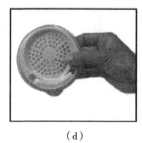

（a）　　　　　　　（b）　　　　　　　（c）　　　　　　　（d）

图 6-12　IDEXX 检测操作流程

表 6-6　IDEXX 试剂细菌浓度对照表

亮灯数/个	细菌浓度/(个/mL)	亮灯数/个	细菌浓度/(个/mL)	亮灯数/个	细菌浓度/(个/mL)
0	<0.2	23	5.3	46	13.2
1	0.2	24	5.6	47	13.7
2	0.4	25	5.9	48	14.1
3	0.6	26	6.2	49	14.6
4	0.8	27	6.5	50	15.1
5	1.0	28	6.8	51	15.6
6	1.2	29	7.1	52	16.1
7	1.5	30	7.4	53	16.6
8	1.7	31	7.7	54	17.1
9	1.9	32	8.0	55	17.7
10	2.1	33	8.3	56	18.3
11	2.3	34	8.6	57	18.9
12	2.6	35	9.0	58	19.5
13	2.8	36	9.3	59	20.2
14	3.0	37	9.7	60	20.9
15	3.3	38	10.0	61	21.6
16	3.5	39	10.4	62	22.3
17	3.8	40	10.8	63	23.1
18	4.0	41	11.2	64	23.9
19	4.3	42	11.6	65	24.8
20	4.5	43	12.0	66	25.7
21	4.8	44	12.4	67	26.6
22	5.1	45	12.8	68	27.6

续表

亮灯数/个	细菌浓度/(个/mL)	亮灯数/个	细菌浓度/(个/mL)	亮灯数/个	细菌浓度/(个/mL)
69	28.7	75	37.2	81	55.5
70	29.9	76	39.2	82	62.3
71	31.1	77	41.4	83	73.8
72	32.4	78	44.0	84	>73.8
73	33.9	79	47.0		
74	35.5	80	50.7		

（5）有机物检测

使用美国 Varian 公司制造的 Cary Eclipse 荧光光谱仪进行有机物检测，其激发波长 $E_x = 240 \sim 540nm$，发射波长 $E_m = 250 \sim 550nm$，激发狭缝宽度为 10nm，发射狭缝宽度为 2nm，扫描速度设为 12000nm/min，激发光源为氙灯，在室温下使用 1cm 四周全为石英玻璃的荧光比色皿进行测试。

（6）16S rDNA 多样性分析

① 水样收集。将经过紫外线消毒后的水样在低温密闭环境中进行保存。

② 水样处理。将收集的水样通过 $0.22\mu m$ 的微孔滤膜真空过滤，使水样中的总微生物富集在滤膜表面，保存滤膜与 -80℃ 的超低温冰箱中用于后续 DNA 提取。

③ 基因组 DNA 提取。将富集有微生物的滤膜通过无菌剪刀剪碎，然后通过 DNA 提取试剂盒，按照操作说明进行基因组 DNA 的提取。

④ 目标区域 PCR 扩增。从样本中提取基因组 DNA 后，用带有条形码的特异引物扩增 16S rDNA 的 V3＋V4 区，引物及引物序列见表 6-7。

表 6-7 引物及引物序列

测序区域	引物名称	引物序列
V3＋V4 区	515F	5′-GTGCCAGCMGCCGCGG-3′
	806R	5′-GGACTACHVGGGTWTCTAAT-3′

其中，扩增体系为：$50\mu L$ 反应体系中包含 $5\mu L$ 的 $10 \times$ KOD 缓冲液，$5\mu L$ 的 2.5mmol/L dNTPs，$1.5\mu L$ 引物（$5\mu mol/L$），$1\mu L$ 的 KOD 聚合酶，100ng 模板 DNA。扩增条件为：95℃ 预变性 2min，随后 98℃ 变性 10s，62℃ 退火 30s，68℃ 延伸 30s，共 27 个循环，最后 68℃ 延伸 10min。

为了保证后续数据分析的准确性及可靠性，尽可能使用低循环数扩增，保证每个样品扩增的循环数统一。随机选取代表性的样品进行预实验，确保在最低的循环数中绝大多数的样品能够扩增出浓度合适的产物，为所有样品的正式试验做充分准备。

⑤ 扩增产物回收、定量。将 PCR 扩增产物进行切胶回收，并用 Quanti Fluor™荧光计进行定量。

⑥ 测序文库构建与上机测序。将纯化的扩增产物进行等量混合，连接测序接头，构建测序文库，用 Hiseq2500 快速模式 PE250 上机测序。

6.2.3　浊度对消毒效果的影响

浊度、紫外线强度和水力停留时间是紫外线消毒主要影响因素，进行单因素试验，考察各种因素对紫外线消毒效果的影响。消毒后的水用 IDEXX 试剂进行检测，IDEXX 试剂盘亮灯数反映消毒效果的好坏，亮灯数越多代表水体中细菌浓度越高。

浊度增高会导致水中颗粒物增多，从而造成紫外光的折射和散射，降低紫外线的穿透率，使到达微生物表面的紫外线强度减少，对消毒效果造成影响。研究在不同浊度条件下细菌的灭活情况，试验准备了 5 组浊度值，分别为 0.5NTU、1.0NTU、1.5NTU、2.0NTU、3.0NTU，5 组试验紫外线强度为 $4812.096\mu W/cm^2$，水力停留时间为 50min。消毒后的水样放入棕色瓶中，每组取 3 个平行水样，并用 IDEXX 试剂对水样进行检测（在无菌操作台内完成），消毒效果见表 6-8。

表 6-8　不同浊度下的紫外线消毒效果

浊度/NTU	亮灯数/个	浊度/NTU	亮灯数/个
0.5	0	2.0	3
1.0	0	3.0	10
1.5	0		

结果显示，当紫外线强度为 $4.812mW/cm^2$、水力停留时间为 50min，浊度范围在 0~2.0NTU 时，细菌灭活率达到 100%；当浊度为 2.0NTU 时，IDEXX 试剂盘亮灯数为 3 个，水体中细菌浓度为 0.6 个/mL；当浊度为 3.0NTU 时，IDEXX 试剂盘亮灯数为 10 个，水体中细菌浓度为 2.1 个/mL。

可见，浊度对紫外线消毒效果影响较大，浊度的增高会增加紫外线的散射和折射，降低紫外线的穿透率，导致紫外线到达细菌表面的剂量减少，另外，紫外线消毒效果还会因为水中颗粒物的粒径分布而受到影响。Christensen 等对饮用水处理系统进行了研究，结果得出，当浊度<3NTU 时，紫外线消毒效果较好，此时紫外剂量的缺失可以忽略不计；当浊度以 1~10NTU 增加时，其紫外线平均剂量的损失应由 5%~33%增加。张轶群等研究认为，当浊度>3NTU 时，会明显导致紫外线消毒效果的降低。张永吉等研究得出，当粒径>$5\mu m$ 的颗粒物时，大肠杆菌灭活效果开始降低。

6.2.4　紫外线强度对消毒效果的影响

试验准备了 5 组不同的紫外线强度值，研究在不同紫外线强度条件下细菌的灭活情况。

5 组试验浊度为 0.5NTU，水力停留时间为 4800s，紫外线强度值分别为 554.397μW/cm²、1764.146μW/cm²、3109.588μW/cm²、4812.096μW/cm²、6021.983μW/cm²。消毒后的水样放入棕色瓶中，每组取 3 个平行水样，并用 IDEXX 试剂对水样进行检测（在无菌操作台内完成），消毒效果见表 6-9。

表 6-9 不同紫外线强度下的紫外线消毒效果

紫外线强度/(μW/cm²)	亮灯数/个	紫外线强度/(μW/cm²)	亮灯数/个
554.397	3	4812.096	0
1764.146	0	6021.983	0
3109.588	0		

结果显示，当浊度为 0.5NTU，水力停留时间为 4800s 时，紫外线强度不低于 1764.146μW/cm²，细菌的灭活率能达到 100%；当紫外线强度为 554.397μW/cm² 时，IDEXX 试剂亮灯数为 3 个，水体中细菌浓度为 0.6 个/mL，水体中的细菌不能完全被灭活。

孙雯研究了不同紫外线强度对大肠杆菌灭活率的影响，研究显示，大肠杆菌的灭活率随着紫外线剂量的增加而提高，而且相同剂量下高强度的紫外线对大肠杆菌的灭活效果比低强度紫外线灭活效果好。L. Liu 认为，在水力停留时间一定的情况下，增加紫外线强度，可以弥补浊度对紫外光干扰的问题，提升消毒效果。

6.2.5 水力停留时间对消毒效果的影响

试验准备了 5 组不同的水力停留时间，研究在紫外线强度一定，不同水力停留时间对细菌的灭活的影响。5 组试验浊度为 0.5NTU，紫外线强度为 6021.983μW/cm²，水力停留时间分别为 600s、1200s、2400s、3000s、4200s。消毒后的水样放入棕色瓶中，每组取 3 个平行水样，并用 IDEXX 试剂对水样进行检测（在无菌操作台内完成），消毒效果见表 6-10。

表 6-10 不同水力停留时间下的紫外线消毒效果

水力停留时间/s	亮灯数/个	水力停留时间/s	亮灯数/个
600	11	3000	0
1200	2	4200	0
2400	0		

结果显示，在浊度为 0.5NTU，紫外线强度为 6021.983μW/cm² 时，水力停留时间大于 1200s，此时细菌的灭活率达到 100%；当水力停留时间低于 1200s 时，水体中的细菌不能完全被灭活。张琳通过采用静态紫外辐照装置，研究得出水力停留时间对大肠杆菌和金黄色葡萄球菌灭活率有较大影响，适当延长水力停留时间可增加细菌的灭活率。

6.2.6　中心组合设计——响应曲面法优化分析

为了分析各因素以及其交互作用对紫外线消毒效果的影响，在单因素试验的基础上，以水体中细菌浓度作为细菌灭活的考察效果进行中心组合试验设计。试验设计以浊度（NTU）、紫外线强度（$\mu W/cm^2$）、水力停留时间（s）为自变量，分别用 x_1、x_2、x_3 来表示，细菌浓度为响应变量。以 0、± 1、$\pm \alpha$ 分别代表自变量的水平，其中 0 为中值，α 为极值，$\alpha = (F)^{1/4} = 1.682$（$F$ 为 CCD 设计部分试验因素，$F = 3$）。各试验因素和水平编码值见表 6-11。

表 6-11　中心组合设计的试验因素和水平编码值

水平编码值	因素		
	x_1/NTU	$x_2/(\mu W/cm^2)$	x_3/s
1.682	2.0	6021.983	4800
1	1.55	4812.096	3900
0	1.1	3288.448	3000
−1	0.65	1764.146	2100
−1.682	0.2	554.397	1200

注：1. 当紫外线强度为 $554.397\mu W/cm^2$ 时，灯管功率为 40W，根数为 3 根；

　　2. 当紫外线强度为 $1764.146\mu W/cm^2$ 时，灯管功率为 40W，根数为 7 根；

　　3. 当紫外线强度为 $3288.448\mu W/cm^2$ 时，灯管功率为 120W，根数为 7 根；

　　4. 当紫外线强度为 $4812.096\mu W/cm^2$ 时，灯管功率为 80W，根数为 19 根；

　　5. 当紫外线强度为 $6021.983\mu W/cm^2$ 时，灯管功率为 120W，根数为 19 根。

试验设计 20 组，其中析因试验次数 8 次，星点数为 6，保证均一精密性的中心点重复次数为 6 次，试验结果见表 6-12。

表 6-12　中心组合试验设计与结果

试验号	各因素水平编码值			细菌浓度 /(个/mL)
	x_1	x_2	x_3	
1	−1.682	0	0	0
2	1	1	−1	1.2
3	−1	1	−1	0
4	−1	1	1	0
5	0	0	0	0
6	0	0	−1.682	0.6
7	1	−1	1	4
8	−1	−1	−1	2.6

续表

试验号	各因素水平编码值			细菌浓度 /(个/mL)
	x_1	x_2	x_3	
9	−1	−1	1	1.9
10	0	0	0	0
11	0	1.682	0	0
12	1	1	1	0.4
13	1	−1	−1	4.3
14	0	0	0	0
15	0	0	1.682	0
16	0	−1.682	0	5.3
17	1.682	0	0	2.6
18	0	0	0	0
19	0	0	0	0
20	0	0	0	0

利用响应面分析软件 Design Expert（Stat-Ease Inc.，version 8）对试验结果进行响应面分析。影响拟合方程的显著性因素，分别为 x_1、x_2、x_3、x_1x_2、x_1x_3、x_2x_3、x_1^2、x_2^2、x_3^2（其中 x_1 为浊度，x_2 为紫外线强度，x_3 为水力停留时间）。表 6-13 为方差分析结果。

表 6-13　回归模型的方差分析

参数	自由度	预测值	标准差	总离差平方和	F 值	Prob>F	显著性
截距	1	−0.009603	0.10				
x_1	1	0.72	0.066491	6.993185	115.8227	<0.0001	**
x_2	1	−1.47	0.066491	29.6227	490.6181	<0.0001	**
x_3	1	−0.21	0.066491	0.577798	9.569627	0.0114	*
x_1x_2	1	−0.27	0.086875	0.605	10.02015	0.0101	*
x_1x_3	1	−0.050	0.086875	0.02	0.331245	0.5776	
x_2x_3	1	0.025	0.086875	0.005	0.082811	0.7794	
x_1^2	1	0.52	0.064728	3.932529	65.13145	<0.0001	**
x_2^2	1	1.00	0.064728	14.40191	238.5278	<0.0001	**
x_3^2	1	0.17	0.064728	0.410745	6.802851	0.0261	*
模型	9			54.84572	100.9297	<0.0001	**

注：* 表示显著；** 表示极其显著。

根据 Prob$>F$ 的值可以看出各个因素的显著性，当 Prob$>F$ 的值小于 0.0500 时，说明模型是显著的；当 Prob$>F$ 的值小于 0.0001 时，说明模型极其显著；当 Prob$>F$ 的值大于 0.1000，说明模型不显著。得到相应的回归方程预测模型：

$$y = -0.009603 + 0.72x_1 - 1.47x_2 - 0.21x_3 - 0.27x_1x_2 - 0.05x_1x_3 + 0.025x_2x_3 + 0.52x_1^2 + 1x_2^2 + 0.17x_3^2$$

模型的 F 值为 100.9297，说明模型拟合程度高。模型的信噪比为 20.652，预测 R^2 为 0.912428，实际 R^2 为 0.979311，两者相差很小，说明该模型可用于预测，且两个值都接近于 1，说明模型的拟合度好（R^2 用来描述数据对模型的拟合程度的好坏，其取值在 0～1 之间，且越接近于 1，说明模型的拟合度越好）。

根据回归分析结果，运用 Origin 软件绘制响应曲面图，即细菌浓度 y 与浊度、紫外线强度、水力停留时间构成的三维空间图形。图 6-13 表示了在不同浊度-紫外线强度下（水力停留时间为中心值），细菌浓度的 3D 函数曲面图。

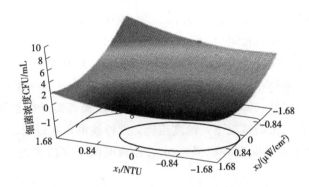

图 6-13　浊度-紫外线强度响应曲面图

从图 6-13 中能直观地看出浊度和紫外线强度的交互作用对水体中细菌浓度的影响。结果显示，随着浊度值的降低，紫外线强度的增高，水体中细菌的浓度越来越低，直至 0 个/mL；浊度值较高（$x_1 = 1.68$，浊度为 2.0NTU）与浊度值较低（$x_1 = -1.68$，浊度为 0.2NTU）相比，可以发现，随着紫外线强度的变化，浊度较高的细菌浓度变化幅度比浊度较低的细菌浓度变化幅度大，且随着紫外线强度增加，浊度较高的消毒效果与浊度较低的消毒效果相接近，说明在一定浊度范围内，高紫外线强度可以弥补浊度对紫外光干扰的问题，提升消毒效果。

当紫外线强度较高（$x_2 = 1.68$，紫外线强度为 6021.983μW/cm^2）与紫外线强度较低（$x_2 = -1.68$，紫外线强度为 554.397μW/cm^2）相比，可以发现随着浊度值的变化，紫外线强度较高的细菌浓度变化幅度比紫外线强度较低的细菌浓度变化幅度小，且当浊度值最小时，紫外线强度较低的水体中细菌浓度>4 个/mL，紫外线强度较高的水体中细菌浓度为 0 个/mL，两者的消毒效果有较大的差别。随着紫外线强度增加，浊度较高的消毒效果与浊度较低的消毒效果相接近，说明当紫外线强度较低时，浊度对消毒效果影响较大。图 6-14 表示了在不同浊度-水力停留时间下（紫外线强度为中心值），细菌浓度的 3D 函数曲面图。

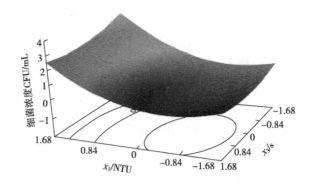

图 6-14   浊度-水力停留时间响应曲面图

从图 6-14 中能直观地看出浊度和水力停留时间的交互作用对水体中细菌浓度的影响。浊度值较高（$x_1 = 1.68$，浊度为 2.0NTU）与浊度值较低（$x_1 = -1.68$，浊度为 0.2NTU）相比，可以发现随着水力停留时间的变化，水体中细菌浓度的变化速率基本一致；当水力停留时间较高（$x_3 = 1.68$，水力停留时间为 4800s）与水力停留时间较低（$x_3 = -1.68$，水力停留时间为 1200s）相比，可以发现随着浊度的变化，水力停留时间较高的细菌浓度变化幅度较水力停留时间较低的细菌浓度变化幅度平缓，说明浊度在低紫外线剂量下对水体中细菌浓度影响较大。结果显示，在一定浊度值和紫外线强度下，延长水力停留时间（即增加紫外线剂量），可以提高紫外线消毒效果；在水力停留时间和紫外线强度一定的情况下，浊度越低，紫外线消毒效果越好。

图 6-15 表示了在不同紫外线强度-水力停留时间下（浊度为中心值），细菌浓度的 3D 函数曲面图。

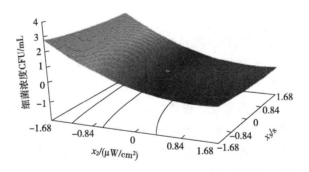

图 6-15   紫外线强度-水力停留时间响应曲面图

从图 6-15 中能直观地看出紫外线强度和水力停留时间的交互作用对水体中细菌浓度的影响。紫外线强度对水体中细菌浓度的影响比水力停留时间对水体中细菌浓度的影响大，随着紫外线强度的增大、水力停留时间的延长，水体中细菌浓度由 3 个/mL 降为 0 个/mL，紫外线消毒效果变好。

将以上数据用 SAS 软件通过岭峰分析，结果显示，当浊度为 0～1.0NTU、紫外线强度＞3126.39μW/cm²、停留时间＞1200s 时，水体中细菌浓度为 0 个/mL，紫外灭菌率达到 100%。

6.3 紫外线消毒后细菌暗复活研究

对紫外线消毒来说，微生物 DNA 和 RNA 的灭活是消毒效果好坏的关键因素。虽然试验在一定浊度、紫外线强度和水力停留时间下会使水体中的细菌浓度为 0 个/mL，但是由于某些细菌在经过 UV 消毒压力下会进入活性但不可培养状态（VBNC），从而用 IDEXX 试剂无法检测出，且这些细菌保留了原有的致病性和毒力因子，仍具有代谢活性和转录性，过一段时间后会发生复活、繁殖，对饮用水安全问题造成影响。

经过紫外线消毒后，水体中细菌浓度为 0 个/mL 时，分别培养不同时间，观察细菌的暗复活情况。

6.3.1 细菌暗复活理论

由于紫外线消毒没有持续消毒能力，经紫外线消毒后的水体中的细菌会发生复活，即水体中的细菌浓度在一定时间后会开始增加，水中细菌浓度的升高，包括以下 3 个部分：①未受损伤的细菌继续生长；②受损细菌的复活；③以上 2 类细菌的生长和繁殖。

细菌的复活有光复活和暗复活两种形式，光复活是一种高度专一的 DNA 直接修复的过程，是在可见光 310～480nm 照射下由光复活酶识别并作用于嘧啶二聚体（CPDs），利用光所提供的能量使环丁酰环打开而完成的修复过程。光复活只作用于紫外线引起的 CPDs，不能作用于那些没有光复活能力且不含光复活酶的微生物。暗复活包括切除修复和重组修复两种机制，切除修复利用一些酶的作用将由紫外照射产生的 CPDs 从 DNA 上切除，并通过合成新的 DNA 单链片断来使产生的缝隙得到填补 ［图 6-16（a）］。重组修复从 DNA 分子的半保留复制开始，它不切除留在亲代 DNA 中的 CPDs，且在 CPDs 相对应的位置上因复制不能正常进行而出现空缺，在一系列酶的作用下母链和子链开始发生重组，形成新的单链 DNA 片断来填补切口 ［图 6-16（b）］。

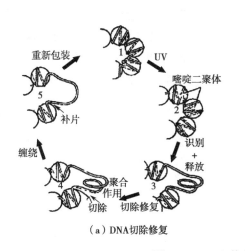

（a）DNA切除修复　　　　（b）DNA重组修复

图 6-16　DNA 修复

重组修复主要经过复制-重组-再合成 3 个步骤，虽然 CPDs 始终没有除去，但在发生若干代复制后，损伤的 DNA 链逐渐"稀释"，最后无损于正常生理功能，损伤也就得到了修复。重组修复与切除修复的最大区别在于重组修复不需要立即从亲代的 DNA 分子中切除受损的部分，就能保证 DNA 复制继续进行，原母链中遗留的损伤部分，可以在下一个细胞周期中再以切除修复方式去完成修复。

K. Kollu 等研究了在不同 UV 剂量下总菌和大肠杆菌的光复活和暗复活，研究表明，当 UV 剂量为 15mJ/cm² 时，细菌的复活速率比在 UV 剂量为 40mJ/cm² 时快。J. Markku 研究出高剂量（501mJ/cm²）紫外线消毒能抑制细菌复活。

徐丽梅等对紫外线消毒后大肠杆菌的光复活和暗修复能力进行了调查，分析了紫外线消毒对细胞膜、三磷酸腺苷、核酸（DNA、RNA）等损伤，结果显示，当紫外线剂量为 20mJ/cm² 时，大肠杆菌的去除率为 5.63lg，且光复活和暗复活在修复 24h 后的修复百分比分别为 0.018%和 0.00042%，可见，光复活能力明显好于暗复活。紫外线消毒对 DNA 的损伤取决于片段长度，而紫外线对 RNA 的损伤较为严重，当紫外剂量达到 50mJ/cm² 时，大肠杆菌失去了自我修复能力。水处理常规的紫外线消毒剂量对细胞膜和三磷酸腺苷的完整性影响较小，此为细菌的复活提供了保障。

方华等研究显示，饮用水中的细菌再生长受到多种营养元素的限制，包括碳、氮、磷等，且其对细菌生长限制作用的强弱由各营养元素含量间的相对关系决定，且随着进水工艺的变化而变化。林怡雯通过有机物和营养元素的变化对微生物复活影响进行研究，结果显示，有机物和营养元素会促进微生物在管网中的复活，但其变化与微生物的复活不存在显著相关性。

6.3.2 浊度对细菌暗复活的影响

正常情况下，水厂内原水经絮凝、沉淀、过滤后的浊度一般在 0.2～0.8NTU 之间，但原水受季节性变化影响，有突发性高浊、高藻情况发生。

为了研究浊度对细菌暗复活的影响，在紫外线强度为 4.812mW/cm²，水力停留时间为 3000s，水层厚度都为 41.5mm 的条件下，试验设计了 5 组不同的浊度值，分别为 0.2NTU、0.5NTU、1.0NTU、1.5NTU、2.0NTU。将消毒后的水样进行密闭培养，每隔 0h、6h、12h、24h、36h 和 48h 进行一次检测，通过 IDEXX 试剂的亮灯数记录水体中细菌浓度，观察细菌在不同紫外线消毒条件下的暗复活规律。结果见表 6-14。

表 6-14 在不同浊度值下细菌的暗复活情况

浊度/NTU	IDEXX 指示盘亮灯数/个					
	0h	6h	12h	24h	36h	48h
0.2	0	0	0	0	5	73
0.5	0	0	0	0	12	84
1.0	0	0	0	0	25	84
1.5	0	0	0	9	57	84
2.0	0	0	0	11	62	84

由表 6-14 可以看出，在紫外线强度为 4.812mW/cm²、水力停留时间为 3000s、浊度为 0～1.0NTU 时，细菌在 24～36h 时开始复活，在 36～48h 时细菌进入加速生长期；当浊度为 1.0～2.0NTU 时，细菌在 12～24h 时开始复活，在 24～36h 时细菌进入加速生长期。此外，当培养时间达到 2d 时，IDEXX 试剂盘全部亮灯，水体中细菌的浓度大大增加，无明显差别。说明浊度对细菌暗复活有影响，当浊度在 0～1.0NTU 之间时，浊度越大，细菌暗复活时间越短；当浊度大于 1.0NTU 时，浊度对细菌暗复活影响不明显。当培养时间达到 2d 左右时，水体中细菌基本完成暗复活。

通过研究发现，出现上述现象可能有 2 个原因。①水中颗粒物的大小与水中某些微生物的大小和结构相似，从而更好地保护了微生物受到紫外光的照射，微生物虽然失去活性，但受到保护作用，紫外线剂量不足以使其致死。②水中颗粒物受到紫外线照射会被分解成为更小的有机或无机物质，当水样浊度整体不高时，浊度稍微增加会使颗粒物的分解增多，使细菌暗复活所需的营养物质含量增加，故细菌暗复活速率增大。L.Liu 对 *M. viridis* 和 *T. suecica* 两种不同细菌的暗复活进行了研究，当浊度大于 1.0NTU 时，浊度对 *M. viridis* 菌的暗复活影响效果不可忽视，但浊度对 *T. suecica* 菌的暗复活没有影响，故 L.Liu 认为浊度对细菌暗复活的影响取决于细菌的种类。

6.3.3　紫外线强度和水力停留时间对细菌暗复活的影响

为了考察紫外线强度、水力停留时间及其交互作用对细菌暗复活的影响，在进水浊度值为 0.46NTU，水层厚度为 41.5mm 的条件下，试验设计了 3 组紫外线强度和 2 组水力停留时间。其中，紫外线强度分别为 3109.588μW/cm²、4812.096μW/cm² 和 6021.983μW/cm²，用 a、b、c 表示，水力停留时间分别为 1200s、2400s，用 A、B 表示。将消毒后的水样进行密闭培养，每隔 0h、6h、12h、24h、36h 和 48h 进行一次检测，通过 IDEXX 试剂的亮灯数记录水体中细菌浓度，观察细菌在不同紫外线消毒条件下的暗复活规律。细菌暗复活结果见表 6-15。

表 6-15　不同水力停留时间和紫外线强度下细菌的暗复活情况

水力停留时间/s	紫外线强度 /(μW/cm²)	IDEXX 指示盘亮灯数/个					
		0h	6h	12h	24h	36h	48h
A	a	0	0	0	7	58	84
	b	0	0	0	2	34	84
	c	0	0	0	0	21	84
B	a	0	0	0	3	44	84
	b	0	0	0	0	16	84
	c	0	0	0	0	6	54

6.3.3.1　紫外线强度对细菌暗复活影响

Aa、Ab、Ac 是 3 组水力停留时间相同，紫外线强度不同的试验。Aa、Ab 在培养时间为 12～24h 时，水体中细菌开始复活；Ac 在培养时间为 24～48h 时，水体中细菌开始复活。三组试验在各个时间段的 IDEXX 指示盘亮灯数可以看出，在水力停留时间固定时，紫外线强度越高，细菌的暗复活时间越长。三组试验在培养时间为 48h 时，IDEXX 指示盘亮灯数都达到了 84 个。

紫外线强度可以抑制细菌的暗复活，且紫外线强度越高，细菌的暗复活时间越长，但当暗复活时间达到 48h 时，强度对细菌暗复活效果不明显。C. Shang 做了几组不同紫外线强度对细菌暗复活影响的研究，认为紫外线强度越高越能抑制细菌的暗复活速率，中压灯管比低压灯管更能抑制细菌的暗复活速率。孙雯证实了紫外线的剂量、强度以及日光照射强度会影响紫外线对大肠杆菌在可见光下的光复活能力，认为高紫外线剂量比低紫外线剂量更能控制大肠杆菌的复活能力，紫外剂量为 $120mJ/cm^2$ 相较于紫外剂量为 $5mJ/cm^2$ 的紫外线照射，大肠杆菌光复活率可降低 1.5 lg 以上；紫外线剂量一定时，高紫外线强度照射有利于控制大肠杆菌光复活程度。

6.3.3.2　水力停留时间对细菌暗复活影响

Aa 与 Ba、Ab 与 Bb、Ac 与 Bc 是 3 组紫外线强度相同但水力停留时间不同的对比试验，Aa 与 Ba 在培养时间为 12～24h 时，水体中细菌开始复活；Ab 在培养时间为 12～24h、Bb 在培养时间为 24～36h 时，水体中细菌开始复活；Ac 与 Bc 在培养时间为 24～36h 时，水体中细菌开始复活。三组试验结果可以看出，当紫外线强度固定时，随着水力停留时间的增加，紫外剂量也在增加（紫外剂量＝紫外线强度×水力停留时间），细菌的暗复活时间也变长。说明当紫外线强度固定时，增加水力停留时间（即增加紫外剂量）能抑制细菌的暗复活效果。然而，J. P. Shaw 认为当剂量较低时（即紫外线强度较低时），停留时间对细菌复活影响不明显。

6.3.3.3　紫外剂量对细菌暗复活的影响

由于紫外剂量＝紫外线强度×水力停留时间，故试验考察紫外线强度大小与水力停留时间的交互作用，即紫外剂量对水体中细菌暗复活的影响。

（1）紫外剂量相同时

Ac 和 Ba 是两组紫外剂量相差不大的细菌暗复活试验，Ac 试验条件为水力停留时间短、紫外线强度高，Ba 试验条件为水力停留时间长、紫外线强度低。

由试验结果可以看出，Ba 在 12～24h 培养时间内，水体中细菌开始复活。Ac 在24～36h 培养时间内，水体中细菌才开始复活，并且到 36h 时，Ba 的 IDEXX 试剂亮灯数已达到 44 个，Ac 的 IDEXX 试剂亮灯数才达到 17 个。

由此可以看出，即使在相同剂量条件下，不同的紫外线强度和水力停留时间对细菌的暗复活也会造成不同的影响效果，紫外线强度越高，细菌的暗复活时间越长，即高紫外线强度能抑制细菌的暗复活。水力停留时间越长，细菌的暗复活时间越短，出现此现象主要是由于水样经 UV 长时间照射后，水中的有机物与 UV 发生光化学反应，产生分子量更小、分子极性更强的有机物，这些有机物更易被微生物利用，帮助其修复经 UV 照射后受损的部分，N. Corin 也做过相似的试验，在相同剂量条件时，水力停留时间分别为 2h、4h、6h 和 8h 时，细菌的复活速率随着水力停留时间的延长依次增加。

（2）紫外剂量不同时

Aa 和 Bb 是两组紫外剂量不同的细菌暗复活试验，Aa 的紫外剂量为 3731.5056mJ/cm²，Bb 的紫外剂量为 11549.0304mJ/cm²，由试验结果可看出，Ab 在培养时间为 12～24h 时，水体中细菌开始复活；而 Bb 在培养时间为 24～36h 时，水体中细菌才开始复活。说明紫外剂量能抑制细菌暗复活效果，紫外剂量越高，细菌暗复活时间会越长。

6.3.4　水中营养物质对暗复活的影响

6.3.4.1　水体中有机物变化情况

天然有机物（NOM）是水体中主要的营养成分，广泛分布于地表水和地下水体中，包括总有机碳（TOC）、生物可降解溶解性有机碳（BDOC）和可同化有机碳（AOC）等，天然有机物可使水体的突变性增加，降低饮用水安全系数，对人体健康带来威胁。由于紫外线消毒能去除水体中部分有机物，减少水体突变性及水体中细菌暗复活可利用的营养物质含量，故试验研究在紫外线消毒中有机物的变化情况。

三维荧光光谱（3D-EEM）有着丰富的光谱信息，可以有效地表达水体中有机物的构成和分类去除状况，被越来越多地应用于饮用水处理和监测等领域。三维荧光光谱是在一定范围内激发，由激发波长（y）-发射波长（x）-荧光强度（z）构成的三维图形，它可对多组分体系中的荧光物质进行光谱识别和表征，具有较高的灵敏度。根据 3D-EEM 特征归因分析，可将荧光扫描结果分为 5 种有机物类别，分别为类酪氨酸、类色氨酸、紫外区类富里酸、类蛋白和类腐殖酸，类酪氨酸、类色氨酸、类蛋白等有机物可生化性强，可能是微生物生长代谢良好的营养物质。三维荧光光谱的荧光强弱代表了有机物在水体中含量的多少。

通过改变紫外线强度和水力停留时间，研究水样浊度为 0.48NTU 条件下，4 种不同紫外照射强度时，水中有机物变化情况。不同条件下荧光光谱图见图 6-17。图 6-17（a）为消毒前水样的荧光光谱图；图 6-17（b）为照射强度为 1836.319μW/cm²、水力停留时间为 1500s 下的荧光光谱图；图 6-17（c）为照射强度为 1836.319μW/cm²、水力停留时间为 4800s 下的荧光光谱图；图 6-17（d）为照射强度为 6021.983μW/cm²、水力停留时间为 1500s 下的荧光光谱图；图 6-17（e）为照射强度为 6021.983μW/cm²、水力停留时间为 4800s 下的荧光光谱图。

从图 6-17（a）可以看出图中荧光强度比较明显，说明水体中的有机物很丰富。将图 6-17（b）与图 6-17（a）的荧光光谱图对比，可以看出紫外线消毒可以去除水体中部分有机物。

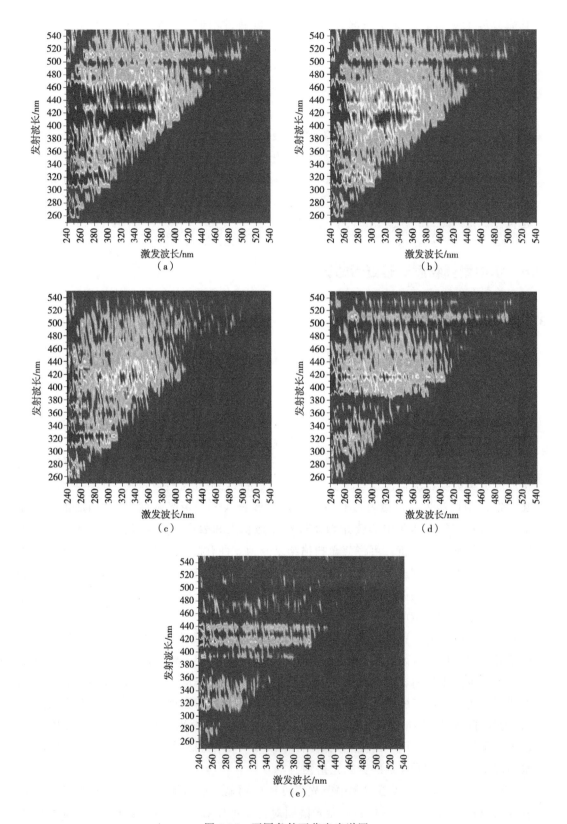

图 6-17　不同条件下荧光光谱图

保持紫外线强度为 $1836.319\mu W/cm^2$，增加水力停留时间至 4800s。由图 6-17（c）与图 6-17（b）对比可以发现，随着水样停留时间的增加，水体中有机物的荧光强度逐渐减弱，说明紫外线强度不变，随着水力停留时间的增加，水体中有机物的去除率增大。

保持水力停留时间为 1500s，增加紫外照射强度至 $6021.983\mu W/cm^2$，由图 6-17（c）与图 6-17（d）对比可以看出，在紫外剂量相差不大时［图 6-17（c）的紫外剂量为 $8814.3312mJ/cm^2$，图 6-17（d）的紫外剂量为 $9032.9745mJ/cm^2$］，紫外线强度对有机物去除率的影响比水力停留时间对有机物去除率的影响大，即在紫外剂量相同的情况下，紫外照射强度越大，有机物的去除率越高。

保持紫外线强度为 $6021.983\mu W/cm^2$，增加水样停留时间至 4800s，由图 6-17（c）与图 6-17（d）对比可以看出，在紫外线强度越大，水力停留时间越长的条件下，水体中的有机物能得到大部分的去除，但超出一定剂量范围后，有机物去除的速率减慢，且有机物不能完全被去除，还会有部分有机物存在于水体当中。

综上所述，紫外线消毒能去除水体中的有机物，随着紫外剂量的增多，有机物的去除率增大，且在剂量相同的情况下，紫外照射强度越大，有机物的去除率就越高。

6.3.4.2　水体中营养元素变化情况

水在经过消毒后，水体中所含的营养物质含量较低，微生物的生长属于基质限制型，通过控制水体中营养物质含量可有效抑制水体中微生物和细菌的生长。

有机碳是细菌生长和发育最主要的营养物质，水体中微生物和细菌对有机碳的需求量比其他物质多。有研究显示，在其他营养物质如氮、磷相对缺乏时，氮、磷的增加会使细菌得到迅速生长。试验对水体中总有机碳、总磷和总氮浓度进行测量，研究它们之间的变化情况。

对消毒前水样和两组消毒后水样的营养元素进行检测，两组消毒的紫外线强度为 $6021.983\mu W/cm^2$，水力停留时间分别为 1200s 和 4800s，培养时间分别为 0d、1d 和 2d，具体检测方法及结果见表 6-16~表 6-18。

表 6-16　总氮检测方法及结果

检测项目	紫外线强度 /$(\mu W/cm^2)$	水力停留时间/s	培养时间/d	检测结果 /(mg/L)	检测方法
总氮	6021.983	4800s	0	2.41	《水质　总氮的测定》 (HJ 636—2012)
			1	2.76	
			2	3.18	
		1200s	0	2.22	
			1	2.46	
			2	2.74	
		消毒前水		2.54	

根据表 6-16 可以看出，消毒前水体中的总氮浓度为 2.54mg/L。当水样经过强度为 6021.983μW/cm² 、水力停留时间为 4800s 的紫外照射后，水体中的总氮浓度下降，为 2.41mg/L；经过密闭培养 1d 和 2d 后，水体中的总氮浓度持续升高，分别为 2.76mg/L、3.18mg/L。当水样经过强度为 6021.983μW/cm² 、水力停留时间为 1200s 的紫外照射后，水体中的总氮浓度下降，为 2.22mg/L；经过密闭培养 1d 和 2d 后，水体中的总氮浓度持续升高，分别为 2.46mg/L、2.74mg/L。

水体中总氮浓度的变化与紫外线剂量大小无关，与水力停留时间的长短有关，水力停留时间越长，水体中总氮浓度越高；细菌暗复活时间越长，水体中的总氮浓度越高。随着培养时间的增加，细菌开始慢慢复活，总氮浓度的增加可能与水体中细菌复活和细菌代谢程度有关。

表 6-17　总磷检测方法及结果

检测项目	紫外线强度/(μW/cm²)	水力停留时间/s	培养时间/d	检测结果/(mg/L)	检测方法
总磷	6021.983	4800s	0	<0.01	《水质　总磷的测定》(GB/T 11893—1989)
			1	<0.01	
			2	0.02	
		1200s	0	<0.01	
			1	<0.01	
			2	0.02	
		消毒前水		<0.01	

根据表 6-17 可以看出，消毒前水中的总磷浓度<0.01mg/L，当水样经过紫外线强度为 6021.983μW/cm² 、水力停留时间为 4800s 的紫外照射后，水体中的总磷浓度<0.01mg/L，与消毒前基本保持一致；经过密闭培养 1d，水体中的总磷浓度无明显变化，经过密闭培养 2d，此时水体中细菌已基本复活，水体中的总磷浓度开始发生变化，由<0.01mg/L增加至 0.02mg/L。当水样经过紫外线强度为 6021.983μW/cm² 、水力停留时间为 1200s 的紫外照射后，水体中的总磷浓度<0.01mg/L，与消毒前基本保持一致；经过密闭培养 1d，水体中的总磷浓度无明显变化，经过密闭培养 2d，水体中的总磷浓度开始发生变化，由<0.01mg/L增加至 0.02mg/L。

原水中总磷浓度含量较低时，紫外剂量对水体中总磷浓度影响不明显；消毒后培养时间为 2d 时，水体中细菌已基本复活，此时总磷浓度的增加可能与水体中细菌复活和细菌代谢程度有关。

根据表 6-18 可以看出，消毒前水中的总有机碳浓度为 0.14mg/L，当水样经过强度为 6021.983μW/cm² 、水力停留时间为 4800s 的紫外照射后，水体中的总有机碳浓度与消毒前基本保持一致，都为 0.14mg/L；经过密闭培养 1d 后，水体中的总有机碳浓度无明显变化；当密闭培养 2d 后，水体中的总有机碳浓度上升了 0.01mg/L。当水样经

过紫外线强度为 $6021.983\mu W/cm^2$、水力停留时间为 1200s 的紫外照射后，水体中的总有机碳浓度与消毒前基本保持一致，都为 0.14mg/L；经过密闭培养 1d 后，水体中的总有机碳与培养前无明显变化；当培养时间增至 2d 时，水体中总有机碳浓度开始发生变化，与原来相比上升了 0.01mg/L。

表 6-18　总有机碳检测方法及结果

检测项目	紫外线强度 /($\mu W/cm^2$)	水力停留时间/s	培养时间/d	检测结果 /(mg/L)	检测方法
总有机碳	6021.983	4800s	0	0.14	《生活饮用水卫生标准检验方法》(GB/T 5750.7—2006)
			1	0.14	
			2	0.15	
		1200s	0	0.14	
			1	0.14	
			2	0.15	
		消毒前水		0.14	

原水中总有机碳浓度较低时，紫外剂量对水体中总有机碳浓度影响不明显；培养时间的长短对水体中总有机碳浓度有影响，培养时间为 2d 时，水体中细菌已基本复活，此时总有机碳浓度的增加可能与水体中细菌复活和细菌代谢程度有关。

6.3.5　暗复活菌种分析与检测

优势菌种很大程度决定着微生物群落的生态结构以及功能结构，了解菌群群落在各个水平的组成情况能有效地对细菌结构的形成、改变以及研究紫外线消毒对细菌暗复活影响等进行解读。试验通过 16S rDNA 多样性分析的方法，了解水体中微生物群落的组成情况。

6.3.5.1　样本编号

试验分为 4 组，分别为 ①120W、80min、19 根；②120W、20min、19 根；③40W、80min、19 根；④40W、20min、3 根。水在经过不同的紫外剂量照射后，放入密闭恒温培养箱分别培养 1d、2d，进行测序，检测样品信息见表 6-19。

表 6-19　检测样品信息

UV 灯管数	功率/W	消毒时间/min	消毒培养时间/d	生物信息分析名称	生物重复样本
19	120	80	1	D1	D1-1
					D1-2
					D1-3

UV 灯管数	功率/W	消毒时间/min	消毒培养时间/d	生物信息分析名称	生物重复样本
19	120	80	2	D2	D2-1 D2-2 D2-3
19	120	20	1	C1	C1-1 C1-2 C1-3
19	120	20	2	C2	C2-1 C2-2 C2-3
19	40	80	1	B1	B1-1 B1-2 B1-3
19	40	80	2	B2	B2-1 B2-2 B2-3
3	40	20	1	A1	A1-1 A1-2 A1-3
3	40	20	2	A2	A2-1 A2-2 A2-3

6.3.5.2 数据处理

为保证后续分析具有统计可靠性和生物学有效性，在序列片段（reads）利用、标签序列（tags）拼接等多个数据处理过程进行严格的质控，最终获得有效序列数量（effective tags）来开展后续按相似程度归类（OTU 聚类）等多个分析。数据预处理统计及质控见表 6-20。

表 6-20　数据预处理统计及质控

样品名称	原始序列数量	有效序列数量
A1-1	122654	114516
A1-2	99070	93164
A1-3	121704	112768

续表

样品名称	原始序列数量	有效序列数量
A2-1	106216	99623
A2-2	105105	95105
A2-3	112453	105224
B1-1	158500	149096
B1-2	94730	89575
B1-3	121568	112641
B2-1	120691	113348
B2-2	106340	98086
B2-3	104599	98588
C1-1	95073	89703
C1-2	105024	99177
C1-3	87616	82341
C2-1	92491	85484
C2-2	103374	96941
C2-3	93033	85036
D1-1	87806	82333
D1-2	93799	87705
D1-3	96340	90732
D2-1	93996	87828
D2-2	94650	88187
D2-3	99215	93485

6.3.5.3 菌种分类分析

微生物物种分类一般分为界、门、纲、目、科、属、种 7 个等级，而每个 OTU 代表某类型分类水平集合。因此根据 OTU 的序列信息进行物种注释，能将分析结果与实际的生物学意义进行关联，从而研究群落中菌种的变化关系。

根据 OTU 的物种注释信息，统计每个样品在各个分类水平（界、门、纲、目、科、属、种）上的 tags 序列数目，数量统计见表 6-21。

表 6-21 物种注释 tags 数量统计

样本	界	门	纲	目	科	属	种
A1-1	99191	99191	99181	98681	98621	66965	617
A1-2	80746	80701	80701	80182	80113	53378	237
A1-3	97683	97661	97659	97304	97222	65641	679

样本	界	门	纲	目	科	属	种
A2-1	87537	87429	87429	86969	86867	60964	1075
A2-2	83468	83420	83409	82499	82417	59873	1747
A2-3	93877	93788	93788	89796	89685	64457	1480
B1-1	132575	132575	132574	130929	130906	96307	728
B1-2	77703	77663	77609	76856	76708	52263	494
B1-3	97668	97666	97666	96642	96576	67995	784
B2-1	100546	100505	100487	100198	100135	73395	6465
B2-2	86976	86921	86921	86284	86194	64865	7173
B2-3	87838	87758	87758	85760	85694	64386	5986
C1-1	78097	78068	78068	77882	77818	52186	124
C1-2	86836	86810	86802	85867	85800	58962	286
C1-3	71371	71327	71327	71050	70971	47787	197
C2-1	74301	74301	74301	73631	73565	50678	251
C2-2	84177	84125	84118	83927	83868	57207	347
C2-3	73822	73807	73806	73505	73346	50738	1211
D1-1	71351	71339	71289	71018	70888	47602	487
D1-2	76606	76580	76441	76175	75945	50716	403
D1-3	78739	78663	78660	78545	78471	52673	520
D2-1	76441	76432	76432	75576	75487	50805	453
D2-2	77302	77299	77295	76900	76839	52367	290
D2-3	81801	81800	81800	81456	81394	55258	529

6.3.5.4 菌种注释表达谱

结合 OTU 的物种注释信息以及 OTU 在不同样品中的表达，按照界＞门＞纲＞目＞科＞属＞种统计了每一个分类水平上各样品的表达情况。

将不同样品中属于同一物种的 tags 数量汇总在同一个表格中，生成物种不同分类水平上的 A、B 样品表达谱（profiling）表（见表 6-22、表 6-23）。表中分类等级中，1 表示界（Kingdom），2 表示门（Phylum），3 表示纲（Class），以此类推；第 2 至第 8 是不同分类等级所对应的物种分类信息；其后是各个样品所含的 tag 序列数占总 tag 数的百分比（物种相对丰度）。从 profiling 表中可以很容易地比较同一物种在不同样品中的丰度差异，从而找出不同样品中差异显著的物种。

表 6-22　不同分类水平上的 A、B 样品表达谱总表（各类平均取前 20 丰度）

	分类等级	A1-1	A1-2	A1-3	A2-1	A2-2	A2-3	B1-1	B1-2	B1-3	B2-1	B2-2	B2-3
1	细菌	100.00	100.00	100.00	100.00	100.00	100.00	100.00	100.00	100.00	100.00	100.00	100.00
2	变形菌门	60.39	61.63	60.73	63.15	63.06	59.99	65.06	59.81	62.37	68.22	68.10	64.33
2	厚壁菌门	38.20	37.31	38.65	35.07	33.71	32.09	32.76	38.40	35.32	31.32	30.56	30.30
2	蓝细菌门	0.52	0.65	0.38	0.65	1.12	4.31	1.28	0.88	1.06	0.29	0.76	2.31
2	放线菌门	0.69	0.25	0.14	0.86	1.93	3.46	0.80	0.26	1.17	0.05	0.45	2.79
2	栖热菌门	0.08	0.08	0.04	0.06	0.08	0.02	0.07	0.06	0.06	0.04	0.02	0.10
2	拟杆菌门	0.02	0.01	0.01	0.08	0.02	0.02	0.02	0.11	0.01	0.00	0.02	0.06
2	浮霉菌门	0.00	0.01	0.02	0.00	0.00	0.01	0.00	0.06	0.00	0.00	0.00	0.00
2	绿弯菌门	0.01	0.01	0.00	0.00	0.00	0.00	0.00	0.11	0.00	0.00	0.00	0.01
2	酸杆菌门	0.00	0.00	0.00	0.00	0.01	0.00	0.00	0.03	0.00	0.00	0.02	0.02
2	梭杆菌门	0.07	0.00	0.00	0.00	0.00	0.00	0.00	0.00	0.00	0.01	0.00	0.00
2	硝化螺旋菌门	0.00	0.01	0.00	0.00	0.01	0.00	0.01	0.05	0.01	0.00	0.00	0.00
2	俭菌总门	0.01	0.00	0.01	0.00	0.00	0.00	0.00	0.00	0.00	0.00	0.00	0.00
2	疣微菌门	0.00	0.00	0.00	0.00	0.00	0.00	0.00	0.01	0.00	0.01	0.00	0.00
2	衣原体门	0.00	0.01	0.00	0.00	0.00	0.00	0.00	0.00	0.00	0.00	0.00	0.00
2	螺旋菌门	0.00	0.00	0.00	0.00	0.00	0.00	0.00	0.00	0.00	0.00	0.00	0.00
2	绿菌门	0.00	0.00	0.00	0.00	0.00	0.00	0.00	0.00	0.00	0.00	0.00	0.00
2	黏胶球形菌门	0.00	0.00	0.00	0.00	0.00	0.00	0.00	0.00	0.00	0.00	0.00	0.00
3	γ-变形菌纲	57.51	59.27	57.47	51.35	47.23	48.14	63.64	57.93	60.13	49.22	43.58	44.35
3	杆菌纲	38.16	37.26	38.59	34.97	33.67	32.03	32.70	38.34	35.24	31.28	30.53	30.25
3	β-变形菌纲	2.19	1.85	2.62	10.11	14.05	10.49	1.20	1.45	1.91	18.52	23.86	19.32
3	叶绿体	0.52	0.65	0.38	0.65	1.11	4.31	1.28	0.88	1.06	0.29	0.75	2.31
3	放线菌纲	0.69	0.24	0.12	0.86	1.92	3.45	0.79	0.13	1.12	0.04	0.45	2.77
3	变形杆菌纲	0.69	0.50	0.63	1.68	1.78	1.36	0.19	0.36	0.33	0.48	0.66	0.65
3	梭菌纲	0.05	0.06	0.06	0.09	0.04	0.05	0.06	0.06	0.08	0.04	0.03	0.04
3	异常球菌纲	0.08	0.08	0.04	0.06	0.08	0.02	0.07	0.06	0.06	0.04	0.02	0.10
3	浮霉菌纲	0.00	0.00	0.02	0.00	0.00	0.00	0.00	0.02	0.00	0.00	0.00	0.00
3	拟杆菌纲	0.01	0.01	0.00	0.00	0.00	0.00	0.00	0.03	0.00	0.00	0.00	0.01
3	嗜热油菌纲	0.00	0.00	0.00	0.00	0.00	0.00	0.00	0.07	0.00	0.00	0.00	0.01
3	δ-变形菌纲	0.01	0.01	0.01	0.01	0.01	0.00	0.02	0.06	0.00	0.00	0.00	0.01
3	鞘脂杆菌纲	0.00	0.00	0.00	0.00	0.00	0.02	0.01	0.00	0.02	0.00	0.01	0.05
3	酸微菌纲	0.00	0.00	0.00	0.00	0.00	0.01	0.00	0.06	0.05	0.00	0.00	0.01

分类等级		A1-1	A1-2	A1-3	A2-1	A2-2	A2-3	B1-1	B1-2	B1-3	B2-1	B2-2	B2-3
3	芽单胞菌纲	0.00	0.00	0.01	0.00	0.00	0.00	0.00	0.14	0.00	0.00	0.00	0.00
3	黄小杆菌纲	0.00	0.00	0.01	0.00	0.00	0.01	0.00	0.00	0.00	0.00	0.01	0.01
3	KD4-96	0.00	0.00	0.00	0.00	0.00	0.00	0.00	0.00	0.00	0.00	0.00	0.00
3	梭杆菌纲	0.07	0.00	0.00	0.00	0.00	0.00	0.00	0.00	0.00	0.01	0.00	0.00
3	硝化螺旋菌纲	0.00	0.01	0.00	0.00	0.01	0.00	0.01	0.05	0.01	0.00	0.00	0.00
4	芽孢杆菌目	36.93	36.09	37.30	33.79	32.74	31.08	31.56	36.91	34.12	30.31	29.66	27.94
4	肠杆菌目	32.36	33.77	32.64	29.28	26.55	27.10	26.46	31.45	30.23	26.68	24.27	24.18
4	假单胞菌目	25.00	25.49	24.73	22.00	20.62	20.88	37.14	26.37	29.75	22.52	19.26	20.12
4	伯克氏菌目	2.17	1.84	2.60	10.10	14.00	10.38	1.19	1.40	1.91	18.30	23.78	19.23
4	乳杆菌目	1.22	1.16	1.29	1.18	0.93	0.96	1.15	1.42	1.12	0.96	0.88	2.31
4	链霉菌目	0.63	0.18	0.08	0.85	1.90	3.42	0.77	0.09	1.10	0.03	0.43	2.76
4	根瘤菌目	0.59	0.44	0.51	1.43	1.49	1.07	0.07	0.12	0.11	0.31	0.37	0.36
4	鞘脂单胞菌目	0.04	0.03	0.06	0.17	0.15	0.15	0.05	0.12	0.04	0.16	0.21	0.15
4	梭菌目	0.05	0.06	0.06	0.09	0.04	0.05	0.06	0.06	0.08	0.04	0.03	0.04
4	栖热菌目	0.07	0.07	0.03	0.06	0.06	0.02	0.07	0.06	0.06	0.04	0.02	0.10
4	弧菌目	0.11	0.00	0.06	0.03	0.03	0.11	0.00	0.01	0.11	0.01	0.02	0.04
4	黄单胞菌目	0.03	0.01	0.04	0.01	0.02	0.04	0.04	0.09	0.03	0.01	0.03	0.02
4	浮霉状菌目	0.00	0.00	0.02	0.00	0.00	0.00	0.00	0.02	0.00	0.00	0.00	0.00
4	柄杆菌目	0.02	0.00	0.01	0.06	0.07	0.06	0.02	0.06	0.04	0.01	0.02	0.04
4	拟杆菌目	0.01	0.01	0.01	0.00	0.08	0.00	0.00	0.02	0.00	0.00	0.00	0.01
4	立克次体目	0.02	0.01	0.01	0.01	0.03	0.04	0.05	0.00	0.06	0.00	0.05	0.08
4	鞘脂杆菌目	0.00	0.00	0.00	0.00	0.02	0.01	0.00	0.02	0.00	0.00	0.01	0.05
4	酸微菌目	0.00	0.00	0.00	0.00	0.00	0.01	0.00	0.06	0.05	0.00	0.00	0.01
5	XII科	35.83	35.04	36.12	32.85	31.86	30.14	30.54	35.81	33.22	29.32	28.79	27.01
5	肠杆菌科	32.36	33.77	32.64	29.28	26.55	27.10	26.46	31.45	30.23	26.68	24.27	24.18
5	莫拉菌科	14.48	15.13	14.50	12.82	11.99	12.37	14.04	15.39	13.18	13.85	11.18	11.76
5	假单胞菌科	10.52	10.37	10.23	9.18	8.63	8.51	23.11	10.97	16.56	8.67	8.08	8.36
5	丛毛单胞菌科	0.54	0.58	0.67	5.47	6.06	4.99	0.38	0.49	0.78	9.93	16.23	10.75
5	伯克氏菌科	0.51	0.35	0.70	1.06	3.57	1.91	0.69	0.69	1.02	8.10	7.30	8.25
5	芽孢杆菌科	1.03	0.97	1.12	0.87	0.83	0.87	0.93	1.05	0.84	0.94	0.80	0.84
5	草酸杆菌科	1.07	0.89	1.20	3.55	4.36	3.47	0.10	0.16	0.10	0.23	0.23	0.22
5	肠球菌科	0.79	0.83	0.86	0.84	0.59	0.62	0.81	0.90	0.77	0.63	0.56	0.78

续表

	分类等级	A1-1	A1-2	A1-3	A2-1	A2-2	A2-3	B1-1	B1-2	B1-3	B2-1	B2-2	B2-3
5	链霉菌科	0.72	0.36	0.07	0.75	1.82	3.15	0.69	0.08	1.01	0.02	0.35	2.54
5	甲基杆菌科	0.61	0.40	0.41	1.25	1.32	0.87	0.04	0.05	0.09	0.21	0.32	0.30
5	链球菌科	0.39	0.33	0.41	0.32	0.31	0.30	0.32	0.49	0.32	0.27	0.29	0.27
5	乳杆菌科	0.03	0.01	0.02	0.01	0.02	0.04	0.02	0.03	0.02	0.06	0.02	1.26
5	鞘脂单胞菌科	0.02	0.01	0.04	0.08	0.11	0.11	0.04	0.08	0.02	0.12	0.17	0.10
5	栖热菌科	0.07	0.07	0.03	0.06	0.06	0.02	0.07	0.06	0.06	0.04	0.02	0.10
5	弧菌科	0.11	0.00	0.06	0.03	0.03	0.11	0.00	0.01	0.11	0.01	0.02	0.04
5	黄色单胞菌科	0.03	0.01	0.03	0.01	0.02	0.04	0.04	0.08	0.03	0.01	0.03	0.02
5	浮霉菌科	0.00	0.00	0.02	0.00	0.00	0.00	0.00	0.02	0.00	0.00	0.00	0.00
5	柄杆菌科	0.02	0.00	0.01	0.06	0.07	0.05	0.02	0.06	0.04	0.01	0.02	0.04
6	微小杆菌属	36.72	37.24	38.61	37.82	33.15	32.18	31.56	35.12	32.33	28.76	27.75	26.10
6	不动杆菌属	14.46	15.12	14.50	12.82	11.99	12.35	14.03	15.38	13.17	13.84	11.18	11.76
6	假单胞菌属	10.52	10.37	10.23	9.18	8.63	8.51	23.10	10.97	16.56	8.67	8.08	8.36
6	噬酸菌属	0.18	0.21	0.21	1.90	1.79	1.71	0.29	0.36	0.56	8.75	14.25	9.39
6	肠杆菌属	0.99	1.23	0.94	0.87	0.81	1.14	1.02	1.00	1.68	0.67	0.82	0.85
6	芽孢杆菌属	0.99	0.96	1.08	0.84	0.79	0.85	0.88	1.00	0.80	0.90	0.77	0.83
6	链霉菌属	0.63	0.18	0.08	0.85	1.90	3.42	0.77	0.09	1.10	0.03	0.43	2.76
6	甲基杆菌属	0.56	0.42	0.47	1.36	1.44	0.98	0.05	0.07	0.10	0.24	0.34	0.33
6	肠球菌属	0.32	0.32	0.33	0.32	0.24	0.23	0.22	0.34	0.31	0.30	0.23	0.31
6	乳球菌属	0.20	0.18	0.23	0.19	0.12	0.11	0.15	0.25	0.19	0.13	0.16	0.15
6	链球菌属	0.20	0.15	0.18	0.13	0.19	0.19	0.15	0.23	0.13	0.14	0.13	0.11
6	马赛菌属	0.17	0.10	0.19	0.20	0.50	0.28	0.08	0.09	0.08	0.17	0.15	0.17
6	噬氢菌属	0.04	0.08	0.03	0.41	0.49	0.33	0.01	0.01	0.02	0.26	0.26	0.29
6	乳酸菌属	0.03	0.01	0.02	0.01	0.02	0.04	0.02	0.03	0.02	0.06	0.02	1.26
6	劳尔氏菌属	0.02	0.00	0.01	0.03	0.04	0.01	0.00	0.00	0.00	0.02	0.06	0.05

表 6-23　不同分类水平上的 C、D 品表达谱总表 (各水平均取前 20 丰度)

	分类等级	C1-1	C1-2	C1-3	C2-1	C2-2	C2-3	D1-1	D1-2	D1-3	D2-1	D2-2	D2-3
1	细菌	100.00	100.00	100.00	100.00	100.00	100.00	100.00	100.00	100.00	100.00	100.00	100.00
2	变形菌门	60.94	57.62	59.47	57.91	61.42	60.67	59.97	58.85	59.85	60.56	59.31	61.23
2	厚壁菌门	38.70	40.14	39.82	39.84	37.94	38.50	38.68	38.97	39.49	37.45	39.38	37.30
2	蓝细菌门	0.24	1.14	0.37	0.91	0.24	0.41	0.19	0.15	0.10	1.19	0.51	0.42

续表

分类等级		C1-1	C1-2	C1-3	C2-1	C2-2	C2-3	D1-1	D1-2	D1-3	D2-1	D2-2	D2-3
2	放线菌门	0.01	0.90	0.16	1.23	0.14	0.30	0.45	0.61	0.14	0.73	0.66	1.01
2	栖热菌门	0.02	0.07	0.06	0.05	0.05	0.06	0.05	0.12	0.04	0.02	0.04	0.01
2	拟杆菌门	0.02	0.08	0.03	0.05	0.13	0.03	0.14	0.07	0.11	0.01	0.06	0.04
2	浮霉菌门	0.03	0.01	0.00	0.01	0.00	0.01	0.17	0.62	0.06	0.01	0.01	0.00
2	绿弯菌门	0.00	0.01	0.03	0.00	0.00	0.00	0.13	0.20	0.04	0.02	0.00	0.00
2	酸杆菌门	0.00	0.01	0.00	0.00	0.00	0.00	0.16	0.19	0.01	0.00	0.01	0.00
2	梭杆菌门	0.00	0.00	0.00	0.00	0.00	0.00	0.01	0.00	0.04	0.00	0.00	0.00
2	硝化螺旋菌门	0.00	0.00	0.00	0.00	0.00	0.00	0.00	0.02	0.00	0.00	0.01	0.00
2	俭菌总门	0.00	0.00	0.00	0.00	0.01	0.00	0.01	0.02	0.00	0.00	0.00	0.00
2	疣微菌门	0.00	0.00	0.00	0.00	0.00	0.00	0.00	0.01	0.00	0.00	0.00	0.00
2	衣原体门	0.00	0.00	0.00	0.01	0.00	0.01	0.00	0.00	0.00	0.00	0.00	0.00
2	螺旋菌门	0.00	0.00	0.00	0.00	0.00	0.00	0.00	0.00	0.01	0.00	0.00	0.00
2	绿菌门	0.00	0.00	0.00	0.00	0.00	0.00	0.00	0.01	0.00	0.00	0.00	0.00
2	黏胶球形菌门	0.00	0.00	0.00	0.00	0.01	0.00	0.00	0.00	0.00	0.00	0.00	0.00
3	γ-变形菌纲	60.48	57.09	58.72	55.43	59.83	56.53	59.01	57.71	59.07	59.27	57.20	57.56
3	杆菌纲	38.67	40.07	39.67	39.74	37.88	38.47	38.64	38.89	39.45	37.44	39.33	37.24
3	β-变形菌纲	0.20	0.19	0.46	1.52	1.10	3.83	0.43	0.63	0.44	0.99	0.90	3.30
3	叶绿体	0.24	1.14	0.36	0.90	0.23	0.41	0.19	0.15	0.10	1.18	0.50	0.42
3	放线菌纲	0.01	0.89	0.16	1.23	0.10	0.29	0.26	0.27	0.11	0.73	0.65	1.00
3	变形杆菌纲	0.25	0.35	0.26	0.95	0.50	0.30	0.43	0.49	0.35	0.30	1.19	0.34
3	a梭菌纲	0.04	0.06	0.14	0.10	0.06	0.03	0.04	0.08	0.04	0.01	0.05	0.06
3	异常球菌纲	0.03	0.09	0.08	0.01	0.04	0.05	0.03	0.22	0.05	0.01	0.04	0.05
3	浮霉菌纲	0.03	0.01	0.00	0.01	0.00	0.01	0.13	0.51	0.05	0.01	0.00	0.00
3	拟杆菌纲	0.00	0.07	0.02	0.02	0.07	0.02	0.03	0.03	0.02	0.00	0.01	0.03
3	嗜热油菌纲	0.00	0.00	0.00	0.00	0.00	0.00	0.11	0.19	0.01	0.00	0.01	0.00
3	δ-变形菌纲	0.00	0.00	0.03	0.00	0.00	0.00	0.10	0.02	0.00	0.00	0.02	0.03
3	鞘脂杆菌纲	0.00	0.01	0.00	0.01	0.05	0.00	0.05	0.03	0.04	0.00	0.02	0.00
3	酸微菌纲	0.00	0.00	0.00	0.00	0.00	0.01	0.04	0.11	0.00	0.00	0.00	0.00
3	芽单胞菌纲	0.00	0.00	0.00	0.00	0.00	0.00	0.02	0.07	0.01	0.00	0.00	0.00
3	黄小杆菌纲	0.02	0.01	0.01	0.03	0.01	0.00	0.03	0.01	0.05	0.01	0.02	0.00
3	KD4-96	0.00	0.00	0.03	0.00	0.00	0.00	0.08	0.04	0.01	0.02	0.00	0.00
3	梭杆菌纲	0.00	0.00	0.00	0.00	0.00	0.00	0.01	0.00	0.04	0.00	0.00	0.00
3	硝化螺旋菌纲	0.00	0.00	0.00	0.00	0.00	0.00	0.00	0.02	0.00	0.00	0.01	0.00

续表

	分类等级	C1-1	C1-2	C1-3	C2-1	C2-2	C2-3	D1-1	D1-2	D1-3	D2-1	D2-2	D2-3
4	芽孢杆菌目	37.21	38.67	38.27	38.45	36.63	37.31	37.35	37.51	38.43	36.00	37.71	36.07
4	肠杆菌目	33.15	31.32	32.97	31.21	32.14	31.03	32.57	32.49	33.26	32.68	31.88	31.95
4	假单胞菌目	27.31	25.75	25.64	24.18	27.55	25.45	26.35	25.09	25.72	26.58	25.27	25.56
4	伯克氏菌目	0.18	0.18	0.45	1.52	1.09	3.81	0.41	0.60	0.44	0.98	0.89	3.29
4	乳杆菌目	1.46	1.40	1.40	1.29	1.25	1.16	1.30	1.38	1.02	1.45	1.61	1.17
4	链霉菌目	0.01	0.87	0.12	1.22	0.07	0.27	0.02	0.03	0.03	0.71	0.61	1.00
4	根瘤菌目	0.25	0.25	0.25	0.88	0.42	0.15	0.28	0.30	0.17	0.28	1.14	0.27
4	鞘脂单胞菌目	0.00	0.03	0.01	0.03	0.04	0.11	0.04	0.12	0.08	0.01	0.03	0.04
4	梭菌目	0.04	0.06	0.14	0.10	0.06	0.03	0.04	0.08	0.04	0.01	0.05	0.06
4	栖热菌目	0.02	0.07	0.06	0.05	0.05	0.06	0.04	0.12	0.03	0.02	0.04	0.01
4	弧菌目	0.00	0.00	0.08	0.01	0.10	0.01	0.00	0.00	0.05	0.00	0.03	0.05
4	黄单胞菌目	0.02	0.01	0.02	0.03	0.03	0.04	0.08	0.12	0.03	0.01	0.02	0.01
4	浮霉状菌目	0.03	0.01	0.00	0.01	0.00	0.01	0.13	0.51	0.00	0.00	0.00	0.00
4	柄杆菌目	0.00	0.06	0.00	0.01	0.00	0.02	0.04	0.05	0.06	0.00	0.00	0.03
4	拟杆菌目	0.00	0.07	0.02	0.02	0.07	0.02	0.03	0.03	0.02	0.00	0.01	0.03
4	立克次体目	0.00	0.00	0.00	0.03	0.00	0.00	0.00	0.00	0.00	0.01	0.00	0.00
4	鞘脂杆菌目	0.00	0.01	0.00	0.01	0.05	0.00	0.05	0.03	0.04	0.00	0.02	0.00
4	酸微菌目	0.00	0.00	0.00	0.00	0.00	0.01	0.04	0.11	0.00	0.00	0.00	0.00
5	XII 科	36.06	37.64	37.04	37.40	35.54	36.28	35.89	36.31	37.32	34.85	36.68	34.75
5	肠杆菌科	33.35	32.18	24.68	30.12	31.21	29.82	33.02	32.78	31.66	30.18	30.42	31.15
5	莫拉氏菌科	16.91	14.12	14.68	13.77	14.89	14.76	15.20	14.69	14.96	15.81	15.12	14.83
5	假单胞菌科	10.40	11.64	10.97	10.41	12.67	10.70	11.15	10.41	10.76	10.76	10.15	10.73
5	丛毛单胞菌科	0.05	0.02	0.26	1.08	0.82	2.00	0.19	0.19	0.21	0.45	0.55	2.72
5	伯克氏菌科	0.00	0.00	0.00	0.02	0.01	1.05	0.04	0.07	0.02	0.24	0.02	0.22
5	芽孢杆菌科	1.07	0.95	1.12	0.97	1.02	0.94	1.35	1.08	0.99	1.06	0.95	1.24
5	草酸杆菌科	0.12	0.12	0.15	0.40	0.24	0.74	0.17	0.34	0.21	0.27	0.31	0.32
5	肠球菌科	1.09	0.97	0.90	0.67	0.82	0.73	0.73	0.80	0.55	0.96	1.08	0.79
5	链霉菌科	0.01	0.87	0.12	1.22	0.07	0.27	0.02	0.03	0.03	0.71	0.61	1.00
5	甲基杆菌科	0.24	0.25	0.25	0.85	0.42	0.13	0.17	0.23	0.12	0.25	1.12	0.19
5	链球菌科	0.34	0.37	0.47	0.57	0.43	0.39	0.45	0.53	0.42	0.47	0.48	0.34
5	乳杆菌科	0.03	0.05	0.02	0.05	0.00	0.03	0.04	0.04	0.00	0.02	0.04	0.04
5	鞘脂单胞菌科	0.00	0.02	0.00	0.02	0.03	0.00	0.04	0.08	0.08	0.00	0.03	0.03

续表

分类等级		C1-1	C1-2	C1-3	C2-1	C2-2	C2-3	D1-1	D1-2	D1-3	D2-1	D2-2	D2-3
5	栖热菌科	0.02	0.07	0.06	0.05	0.05	0.06	0.04	0.12	0.03	0.02	0.04	0.01
5	弧菌科	0.00	0.00	0.08	0.01	0.10	0.01	0.00	0.00	0.05	0.00	0.03	0.05
5	黄色单胞菌科	0.01	0.01	0.02	0.03	0.03	0.04	0.07	0.10	0.03	0.01	0.02	0.01
5	浮霉菌科	0.03	0.01	0.00	0.01	0.00	0.01	0.13	0.51	0.05	0.01	0.00	0.00
5	柄杆菌科	0.00	0.06	0.00	0.00	0.00	0.02	0.04	0.05	0.06	0.00	0.00	0.03
6	微小杆菌属	36.06	37.64	37.04	37.40	35.54	36.28	35.89	36.31	37.32	34.85	36.68	34.75
6	不动杆菌属	16.90	14.11	14.67	13.76	14.87	14.75	15.16	14.66	14.87	15.81	15.12	14.83
6	假单胞菌属	10.40	11.63	10.97	10.41	12.67	10.70	11.15	10.41	10.76	10.76	10.15	10.73
6	噬酸菌属	0.02	0.01	0.15	0.55	0.62	1.47	0.09	0.08	0.11	0.24	0.23	2.23
6	肠杆菌属	0.96	1.07	0.95	0.95	0.88	0.96	0.88	0.89	0.96	1.11	0.91	0.80
6	芽孢杆菌属	1.01	0.89	1.08	0.94	0.95	0.90	1.34	1.06	0.98	1.04	0.89	1.22
6	链霉菌属	0.01	0.87	0.12	1.22	0.07	0.27	0.02	0.03	0.03	0.71	0.61	1.00
6	甲基杆菌属	0.24	0.25	0.25	0.85	0.42	0.13	0.17	0.22	0.12	0.25	1.12	0.19
6	肠球菌属	0.44	0.39	0.40	0.26	0.38	0.30	0.26	0.31	0.22	0.37	0.47	0.25
6	乳球菌属	0.21	0.19	0.23	0.34	0.19	0.20	0.25	0.23	0.21	0.27	0.28	0.18
6	链球菌属	0.13	0.18	0.22	0.22	0.24	0.17	0.19	0.30	0.20	0.19	0.20	0.17
6	马赛菌属	0.08	0.07	0.11	0.26	0.14	0.29	0.08	0.15	0.08	0.09	0.15	0.20
6	噬氢菌属	0.00	0.00	0.00	0.00	0.00	0.00	0.01	0.00	0.00	0.00	0.01	0.00
6	乳酸菌属	0.03	0.04	0.02	0.05	0.00	0.03	0.04	0.04	0.00	0.02	0.04	0.04
6	劳尔氏菌属	0.00	0.00	0.00	0.02	0.00	1.04	0.03	0.06	0.01	0.18	0.00	0.19

暗复活的细菌种类主要包括厚壁菌门和变形菌门两大类，且 A1、A2、B1、B2、C1、C2、D1、D2 几组样品中的细菌群落几乎平均分配。但从纲水平开始，样品中细菌群落开始出现不平均分布，主要是 β-变形菌纲。说明在低紫外强度照射下，水体中 β-变形菌纲的含量比高紫外强度照射时更容易复活，且在低紫外强度照射下，随着水力停留时间的增加，水体中 β-变形菌纲更易复活。但是 β-变形菌纲只占总 tags 的 5.23%，对细菌暗复活总的细菌来说影响不明显，需进一步分析。

在界分类水平中，每个样品所占的细菌比例基本一致。而在门分类水平中，变形菌门的含量为 61.65%，厚壁菌门的含量为 36.41%。A1、A2、B1、B2、C1、C2、D1、D2 几组样品在门分类水平上无较大变化。

在纲分类水平中，β-变形菌纲的含量为 5.27%，γ-变形菌纲的含量为 55.75%（β-变形菌纲和 γ-变形菌纲都属于变形菌门），杆菌纲的含量为 36.35%（属于厚壁菌门）。在紫外功率为 40W 时，暗复活第 2 天的 β-变形菌纲明显比暗复活第 1 天含量多，同时叶绿体和放线菌的含量随着暗复活时间的延长而增加，γ-变形菌纲的含量随着暗复活时间的延长而减少；当紫外功率为 120W 时，暗复活的第 1 天和第 2 天菌种含量无明显变化情况。

在目分类水平中，伯克氏菌目的含量为 5.23%（属于 β-变形菌纲），假单胞菌目的含量为 25.4%，肠杆菌目的含量为 30.27%（假单胞菌目和肠杆菌目都属于 γ-变形菌纲），芽孢杆菌目的含量为 35.09%，乳杆菌目的含量为 1.26%（芽孢杆菌目和乳杆菌目都属于杆菌纲）。在紫外功率为 40W 时，随着暗复活时间的延长，伯克氏菌目和链霉菌目的含量逐渐增多，而芽孢杆菌目和假单胞菌目的含量逐渐减少；当紫外功率为 120W 时，随着暗复活时间的延长，伯克氏菌目的含量增多，假单胞菌目含量降低，但两种菌含量的变化程度较小，且其余菌均无明显变化。

在科分类水平中，丛毛单胞菌科的含量为 2.82%，伯克氏菌科的含量为 1.59%（丛毛单胞菌科和伯克氏菌科都属于伯克氏菌目），莫拉菌科的含量为 14.12%，假单胞菌科的含量为 11.28%（莫拉菌科和假单胞菌科都属于假单胞菌目），肠杆菌科的含量为 30.27%（属于肠杆菌目），XII 科的含量为 34.02%（属于芽孢杆菌目）。在紫外功率为 40W 时，随着暗复活时间的延长，XII 科、肠杆菌科和莫拉菌科的含量逐渐减少，丛毛单胞菌科、伯克氏菌科、草酸杆菌科和链霉菌科的含量逐渐增加，但随着照射时间的变化，它们之间的含量变化存在差异。随着照射时间和暗复活时间的增加，丛毛单胞菌科和伯克氏菌科的含量逐渐增大，而草酸杆菌科和链霉菌科的含量逐渐减少。当紫外功率为 120W 时，随着暗复活时间的延长，丛毛单胞菌科的含量虽然增多，但其含量的变化程度较小，基本无明显变化。

在属分类水平中，噬酸菌属的含量为 1.97%（属于丛毛单胞菌科），不动杆菌属的含量为 14.11%（属于莫拉菌科），假单胞菌属的含量为 11.28%（属于假单胞菌科），微小杆菌属的含量为 34.02%（属于 XII 科）。在紫外功率为 40W 时，随着暗复活时间的延长，噬酸菌属、链霉菌属逐渐增加，但随着照射时间的变化，它们之间的含量变化存在差异。随着照射时间和暗复活时间的增加，噬酸菌属含量逐渐增加，链霉菌属含量减少。当紫外功率为 120W 时，随着暗复活时间的延长，丛毛单胞菌科的含量虽然增多，但其含量的变化程度较小，基本无明显变化。当紫外功率为 120W 时，随着暗复活时间的延长，噬酸菌属和链霉菌属的含量虽增多，但其含量的变化程度较小，基本无明显变化。

综上所述，暗复活的优势菌种主要包括厚壁菌门和变形菌门两大类。A1、A2、B1、B2、C1、C2、D1、D2 几组样品中的细菌群落几乎平均分配，但从 β-变形菌纲开始，样品中细菌群落开始出现不平均分布。在低紫外线强度照射下，水体中 β-变形菌纲的含量比高紫外线强度照射时更容易复活，且在低紫外线强度照射下，随着水力停留时间的延长，水体中 β-变形菌纲比低水力停留时间更易复活。当紫外线强度较低（40W）时，水体中菌种含量随着暗复活时间的延长变化较大，当紫外线强度较高（120W）时，水体中菌种含量随着暗复活时间的延长变化不明显，说明增加紫外线强度可以降低水体中菌种含量变化的波动。

6.4 紫外线消毒器

6.4.1 紫外线消毒器分类

紫外线消毒器主要按照水流状态、灯管强度及布置方式进行分类。

6.4.1.1 按照水流状态分类

紫外线消毒器按水流状态分为封闭压力式和敞开重力式两种，即压力管道式和明渠式。

封闭式紫外线消毒器属于承压型，消毒器材质通常选用铝合金或不锈钢，外形为筒状，内壁做抛光处理，以提高紫外线的反射能力和增强紫外线强度。消毒器设有进水、出水和泄水管路，且进水管上设有流量计。封闭式紫外线消毒器的 UV 灯管大部分都在水中，连接电源部分裸露在空气中，消毒筒体将 UV 灯管（灯管外套有石英管）和水封闭起来，在压力作用下，水流经石英管周围进行消毒，用流量计控制水力停留时间。压力管道式紫外线消毒器见图 6-18。

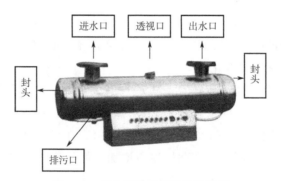

图 6-18　压力管道式紫外线消毒器

陈建发明了一种具有双层腔体结构的紫外线消毒器，其消毒反应腔直径不同的筒体相套而成具有内、外两层腔室的腔体，且内腔室至少有一个端部处于外腔室内并设有通水口与所在的外腔室连通。俞坚发明了一种环型紫外灯管净水器，可以采用透明石英玻璃水管，或两端用传统材料制作的水管中间密封连接一段透明石英玻璃管制成的水管，环型紫外灯管环绕在透明石英玻璃管处。环型紫外灯管的外侧设有一反光罩，以将紫外灯管发出的紫外线全部反射到石英玻璃管内。白永平等发明了一种便携式紫外线消毒器，主要包括透明灯罩、紫外灯管、电池盒和端盖。其中，灯管和透明罩安装在电池盒一端，另一端为端盖，用于安装和取出电池。电池盒外表面设置有开关。灯管包括灯头、管体和石英套管，石英套管套住管体并与灯头和管体成为一体。

敞开式紫外线消毒器紫外灯管全部位于水下，灯管外套有石英管，与封闭式紫外线消毒器不同，水在重力作用下流经石英管周围，从而进行消毒。当更换灯管时需将整个紫外设备抬至工作面进行操作。敞开式紫外线消毒器见图 6-19。

图 6-19　敞开式紫外线消毒器

张吉库等研究明渠水面照射式紫外线消毒对大肠菌群和细菌的杀灭效果，为明渠水面照射式紫外线消毒用于污水消毒的运行和工程设计提供依据。为提高消毒效果，建议在消毒箱内壁粘贴一些增强紫外线反射光的材料，以提高紫外光的利用率，建议在生产条件下采用并联多极组合式。陈建开发了一种用于消毒渠内流体消毒的紫外线消毒系统，每个紫外灯模块对应的镇流器独立封装，散热面积大，能够有效散热，很好地解决紫外线消毒系统中镇流器发热问题。

6.4.1.2　按灯管强度及布置方式分类

灯管的放置方式可分为两种：一种是与水流垂直放置，另一种是与水流平行放置。灯管按其强度的不同可分为高、中、低压，目前，紫外线消毒系统所采用的灯管类型分为低压高强、中压高强和低压低强。

6.4.2　紫外线消毒器卫生要求

2012 年 5 月 1 日，国家质量监督检验检疫总局、国家标准化管理委员会颁布实施了《紫外线空气消毒器安全与卫生标准》（GB 28235—2011）。随着科学技术的进步与发展，该标准原有内容已不适应新形势下的消毒产品监管要求，同时缺少紫外线对水质和物品表面消毒的紫外线水消毒器和物表消毒器类产品等相关内容。

2020 年 4 月 9 日，国家市场监督管理总局、国家标准化管理委员会发布了《紫外线消毒器卫生要求》（GB 28235—2020），标准于 2020 年 11 月 1 日起实施。

《紫外线消毒器卫生要求》（GB 28235—2020）分为前言和 11 个章节及 8 个规范性附录，前言介绍了新旧标准的主要技术变化，标准起草单位及起草人；第 1 章为范围，包括标准制定的主要内容，明确了标准适用范围；第 2 章为规范性引用文件，包括本标准应用到的 22 个国家标准，增加了《生活饮用水卫 生标准》（GB 5749—2006）在内的 16 个规范性引用文件；第 3 章为术语和定义，包括紫外线消毒器等 13 个术语定义，其中增加了紫外线消毒、紫外线消毒器、上层平射紫外线空气消毒器、紫外线水消毒器、紫外线物表消毒器和紫外线有效剂量共 6 个术语和定义，修改 7 个；第 4 章为原材料要求，增加了双端紫外线灯的初始紫外线强度规定值、紫外线水消毒器的原材料相关要求、紫外线物表消毒器的原材料相关要求。第 5 章为技术要求，包括紫外线消毒器的基本工作条件、紫外线灯、有效寿命、工作噪声、循环风量、消毒效果、泄漏量等重要技术指标要求，增加了紫外线水消毒器的相关技术要求，包括基本的工作条件、主要元器件紫外线灯、有效寿命、紫外线有效剂量、消毒效果等指标；第 6 章为应用范围，包括紫外线空气消毒器、紫外线水消毒器、紫外线物表消毒器的应用范围，增加了紫外线水消毒器的应用范围（适用于各种水体的消毒）和紫外线物表消毒器的应用范围［适用于医疗器械和用品、餐（饮）具以及其他物体表面的 消毒］；第 7 章为使用方法，根据紫外线空气、水、物表消毒器不同的特点，规定了相应的使用方法，增加了紫外线水消毒器的使用方法和紫外线物表消毒器的使用方法；第 8 章为检验方法，根据各类消毒器的技术要求指标规定了各个指标的检验方法，增加了紫外线水消毒器的检验方法和紫外线物表消毒器的检验方法；第 9 章为标志与包装，包括包装标识和图示标志应符合标准要求；第 10 章为运输和贮存，包括运输、贮存的条件和防护措施；第 11 章为铭牌和说明书，包括总则和 8 个注意事项；附录 A~H，为 8 个相关技术指标检测方法的规范性附录，包括紫外线强度测量方法、寿命试验方法、空气消毒模拟现场试验、空气消毒现场试验、水消毒实验室微生物杀灭试验、水消毒模拟现场试验和现场试验、物体表面消毒实验室微生物杀灭试验、物体表面消毒模拟现场试验和现场试验。

标准中规定，用于水消毒的紫外线灯用石英玻璃或紫外线透过率不低于石英玻璃的材料。双端和单端紫外线灯的初始紫外线强度分别不低于表 6-24、表 6-25 中规定值的 93%，其他紫外线灯强度应符合相关标准要求。

表 6-24　双端紫外线灯的初始紫外线强度规定值

标称功率/W	4	5	8	13	15	18	30	36	60
紫外线强度/$(\mu W/cm^2)$	9	15	22	35	50	62	100	135	190
标称功率/W	75	100	150	250	320	400	550	750	1000
紫外线强度/$(\mu W/cm^2)$	250	305	400	650	720	900	1150	1300	1730

表 6-25　单端紫外线灯的初始紫外线强度规定值

标称功率/W	5	7	9	11	18	24	36	55	75	95	150
紫外线强度/$(\mu W/cm^2)$	9	16	22	33	51	65	110	150	170	304	400

紫外线应有良好的启动性能，宜采用电子镇流器，并应符合《管形荧光灯用交流和/或直流电子控制装置性能要求》（GB/T 15144—2020）或《灯的控制装置第 1 部分：

一般要求和安全要求》（GB 19510.1—2009）等相关标准要求。紫外线水消毒器与水接触的其他材料应符合《生活饮用水输配水设备及防护材料卫生安全评价规范》（GB/T 17219—1998）的要求，其中石英套管每毫米石英厚度的紫外线透过率应不小于 90%。紫外线水消毒器在以下环境中正常工作：使用电源电压为 220V±22V，电源频率为 50Hz±1Hz；环境温度为 5～40℃。在开机 5min 后，正常工作状态下紫外线强度应达到稳定，波动范围不大于均值的 5%。主要元件紫外线灯的有效寿命应大于等于 1000h。紫外线有效剂量应符合《城市给排水紫外线消毒设备》（GB/T 19837—2019）的规定。消毒效果指标中，实验室杀菌效果和模拟现场试验要求消毒器按产品使用说明书规定的消毒最低有效剂量等参数和程序进行消毒处理后大肠杆菌（8099）下降至 0CFU/100mL。

参考文献

［1］Evangelia K，Nikolaos K L. Dyes removal from simulated and industrial textile effluents by dissolved-air and dispersed-air flotation techniques ［J］. Eng. Chem. Res. ，2008，47（15）：5594-5601.

［2］Miranda R，Blanco A，Fuente E. Separation of contaminants from deinking process water by dissolved air flotation：effect of flocculant charge density ［J］. Separation Science and Technology，2009，43（14）：3732-3754.

［3］Henderson R，Parsons S A，Jefferson B. The impact of algal roperties anpre-oxidation on solid-liquid separation of algae ［J］. Water Research. 2008，42（8-9）：1827-1845.

［4］Wang J P，Chen Y Z，Ge X W，et al. Optimization of coagulation-flocculation process for a paper-recycling wastewater treatment using response surface methodology ［J］. Colloids & Surfaces A Physicochemical & Engineering Aspects，2007，302（1）：204-210.

［5］刘龙 . 旋喷加压气浮净水技术溶气机理的建模与仿真研究 ［D］. 青岛：青岛理工大学，2007.

［6］吴飞 . 气浮净水技术在处理含油污水中的应用 ［J］. 氮肥技术，2012，33（4）：49-50.

［7］王峰，王广丰，温利利，等 . 气浮净水高压射流溶气的可行性分析 ［J］. 环境工程，2013，31（1）：23-26.

［8］Korbahti B K，Artut K，Gecgel C，et al. Electrochemical decolorization of textile dyes and removal of metal ions from textile dye and metal ion binary mixtures ［J］. Chemical Engineering Journal，2011，173（3）：677-688.

［9］刘凤凯，张永丽，李方才 . 竖流式二沉池的数值模拟与分析 ［J］. 中国农村水利水电，2014（2）：75-78.

［10］何航 . 利用 CFD 技术对平流式二次沉淀池的数值模拟及优化改进 ［D］. 西安：长安大学，2011.

［11］Bo F，Hedstrom B. Lamella sedimentation：A compact separation technique ［J］. Journal，1975，47（4）：834-842.

［12］Miller R. New separaior may spur interest in sedimentation concept developed in Sweden should offer savings in space and maintenance ［J］. Water and Wastes Engineering，11［9］，1974.

［13］贾瑞宝，孙韶华，宋武昌，等 . 引黄供水系统水质安全现状及保障对策研究 ［J］. 给水排水，2010，36（s1）：26-29.

［14］徐晓然，孙志民 . 新型气浮-沉淀工艺建设经济性研究 ［J］. 广东化工，2015，42（8）：138-141.

［15］孙志民，赵洪宾，马军 . 侧向流斜板浮沉池存在的问题及解决途径 ［J］. 中国给水排水，2003，19（6）：87-88.

［16］Malley J P Jr，Edzwald J K. Laboratory comparison of dissolved air flotation with conventional treatment ［J］. JAWWA，1991，84（9）：56-61.

［17］王静超，马军 . 浮沉池中斜板装置对气浮运行效果的影响研究 ［J］. 中国给水排水，2008，24（7）：92-95.

［18］王寅，邬亦俊 . 一种新型浮沉池的工艺设计 ［J］. 给水排水，2006，32（11）：1-2.

［19］郭敬华，刘衍波，李世俊，等 . 济南玉清水厂技改工程的设计、施工与运行 ［J］. 中国给水排水，2012，28（18）：57-59.

［20］刘芳，马军，王静超，等 . 沉淀/高速气浮联用技术用于给水厂改造 ［J］. 中国给水排水，2009，25（12）：69-71.

［21］Kiuru H J. Development of dissolved air flotation technology from the first generation to the newest（third）one（DAF in turbulent flow conditions）［J］. Water Science & Technology，2001，43（8）：1-7.

［22］Edzwald J K. Flocculation and air requirement for dissolved air flotation ［J］. JAWWA，1992，84（3）：92-101.

［23］严伟 . pH 值对气浮法净水的影响 ［J］. 化工环保，1986（2）：14-16.

［24］凌琪，鲍超，伍昌年，等 . 改性粉煤灰协同 PAC 深度处理二级出水影响因素的研究 ［J］. 应用化工，2016，45（2）：216-219.

［25］Dennett K，Amirtharajah A，Moran T F，et al. Coagulation：Its effect on Organic Matter ［J］. AWWA，1996，（4）：129-142.

［26］王占生，刘文君．微污染水源水饮用水处理［M］．北京：中国建筑工业出版社，1999.

［27］Kiyoshi Y，姜伟．紫外线杀菌的原理和最新应用［J］．中国照明电器，2005，4：28-31.

［28］郭美婷，胡洪营．紫外线消毒后微生物的光复活特性及其评价方法［J］．环境科学与技术，2009，32（4）：77-79.

［29］罗凡，董滨，何群彪．紫外消毒系统的应用及其研究进展［J］．环境保护科学，2011，37（5）：16-18.

［30］潘晓，王祥勇，陈洪斌．紫外线和化合氯联合消毒在水厂的应用研究［J］．水处理技术，2012，38（7）：71-74.

［31］Ballester N A，James J R. Sequential disinfection of adenovirus type 2 with UV-chlorine-chloramine［J］. AWWA，2004，96（10）：97-103.

［32］Sharrer M J，Summerfelt S T. Ozonation followed by ultraviolet irradiation provides effective bacteria inactivation in a freshwater recirculating system［J］. Aquacultural Engineering，2007，37（2）：180-191.

［33］Fang J，Liu H，Shang C，et al. E. coli and bacteriophage MS_2 disinfection by UV，ozone and the combined UV and ozone processes［J］. 中国环境科学与工程前沿：英文版，2014，8（4）：547-552.

［34］Armon R，Narkis N，Neeman I. Photocatalytic inactivation of different bacteria and bacteriophages in drinking water at different TiO_2 concentration with or without exposure to O_2［J］. Journal of Advanced Oxidation Technologies，2017，3（2）：145-150.

［35］Shang C，Cheung L M，Ho C M，et al. Repression of photoreactivation and dark repair of coliform bacteria by TiO_2-modified UV-C disinfection［J］. Applied Catalysis B Environmental，2009，89（3-4）：536-542.

［36］Zhang Y Q，Zhou L L，Zhang Y J. Study on UV and H_2O_2 combined inactivation of E. coli in drinking water［J］. Environmental Science，2013，34（6）：2205.

［37］Chang J，Chen Z L，Wang Z，et al. Oxidation of microcystin-LR in water by ozone combined with UV radiation：The removal and degradation pathway［J］. Chemical Engineering Journal，2015，276：97-105.

［38］Batch L F，Schulz C R，Linden K G. Evaluating water quality effects on UV disinfection of MS_2 coliphage［J］. Journal，2004，96（7）：75-87.

［39］Bohrerova Z，Shemer H，Lantis R，et al. Comparative disinfection efficiency of pulsed and continuous-wave UV irradiation technologies［J］. Water Research，2008，42（12）：2975.

［40］Li G Q，Wang W L，Huo Z Y，et al. Comparison of UV-LED and low pressure UV for water disinfection：Photoreactivation and dark repair of Escherichia coli.［J］. Water Research，2017，126：134-143.

［41］Kollu K，Ormeci B. Regrowth potential of bacteria after ultraviolet disinfection in the absence of light and dark repair［J］. Journal of Environmental Engineering，2015，141（3）．

［42］Lehtola M J，Miettinen I T，Vartiainen T，et al. Impact of UV disinfection on microbially available phosphorus，organic carbon，and microbial growth in drinking water［J］. Water Research，2003，37（5）：1064-1070.

［43］徐丽梅，许鹏程，张崇淼，等．紫外线消毒对大肠杆菌的损伤及复苏的研究［J］．中国环境科学，2017，37（7）：2639-2645.

［44］方华，付晓茹，赵晓莉，等．营养元素对饮用水中细菌再生长的限制作用［J］．安徽农业科学，2010，38（5）：2498-2499.

［45］林怡雯．再生水系统中 VBNC 病原菌复活特性与风险的研究［D］．北京：清华大学，2013.

［46］Linden J. How particles affect UV light in the UV disinfection of ubfiltered drinking water［J］. JAWWA，2003，95（4）：179-189.

［47］张轶群．紫外线消毒技术在饮用水中应用的影响因素研究［J］．城镇供水，2011，（4）：35-36.

［48］张永吉，刘文军．浊度对紫外灭活大肠杆菌和 MS-2 噬菌体的影响［J］．中国给水排水，2006，22（1）：27-31.

［49］Liu L，Chu X，Chen P，et al. Effects of water quality on inactivation and repair of Microcystis viridis and Tetraselmis suecica following medium-pressure UV irradiation［J］. Chemosphere，2016，163：209-216.

［50］Hijnen W，Beerendonk E F，Medema G J. Inactivation credit of UV radiation for viruses，bacteria and protozoan (oo) cysts in water：a review［J］. Water Res. 2006，40（1）：3-22.

［51］Liu Y，Wang C，Tyrrell G，et al. Production of Shiga-like toxins in viable but nonculturable Escherichia coli O_{157}：H_7［J］. Water Research，2010，44（3）：711-718.

［52］Berry D，Xi C and Raskin L. Effect of growth conditions on inactivation of escherichia coli with monochloramine［J］. Environmental Science&Technology，2009，43（3）：884-889.

［53］Saux F L，Hervio-Heath D，Loaec S，et al. Detection of cytotoxin-hemolysin Mrna in nonculturable populations of environmental and clinical Vibrio vulnificus strains in artificial seawater［J］. Applied and Environmental Microbiology，2002，68（11）：5641-5646.

［54］Guo M，Huang J，Hu H，et al. Growth and repair potential of three species of bacteria in reclaimed wastewater after UV disinfection［J］. Biomedical and Environmental Sciences，2011，24（4）：400-407.

［55］Lazarova V，Savoye P，Janex M，et al. Advanced wastewater disinfection technologies：state of the art and perspectives［J］. Water Sci Technol. 1999，40（4-5）：203-213.

［56］Sinha R P，Hader D P. UV-induced DNA damage and repair：a review［J］. Photochem. Photobiol. Sci. 2002，1（4）：225-236.

［57］Shaw J P，Malley J P，Willoughby S A. Effects of UV irradiation on organic matter［J］. Journal，2000，92（4）：157-167.

［58］Corin N，Wiklund T，Backlund P. Bacterial growth in humic waters exposed to UV-radiation and simulated sunlight［J］. Chemosphere，1998，36（36）：1947-1958.

［59］CHEN J，GU B，LEBOENF E J，et al. Spectroscopic characterization of the structural and functional properties of natural organic matter fractions［J］. Chemosphere，2002，48（1）：59-68.

［60］FANG J，YANG X，MA J，et al. Characterization of algal organic matter and formation of DBPs from chlor (am) ination［J］. Water Research，2010，44（20）：5897-5906.

［61］HONG H C，HUANG F Q，WANG F Y，et al. Properties of sediment NOM collected from a drinking water reservoir in South China，and its association with THMs and HAAS formation［J］. Journal of Hydrology，2013，476：274-279.

［62］Henderson R K，Baker A，Murphy K R，et al. Fluorescence as a potential monitoring tool for recycled water systems：A review［J］. Water Research，2009，43（4）：863-881.

［63］Hudson N，Baker A，Reynolds D. Fluorescence analysis of dissolved organic matter in natural，waste and polluted waters—a review［J］. River Research & Applications，2010，23（6）：631-649.

［64］Bridgeman J，Bieroza M，Baker A. The application of fluorescence spectroscopy to organic matter characterisation in drinking water treatment［J］. Reviews in Environmental Science & Bio/technology，2011，10（3）：277-290.

［65］钟涛，马利民. 复合垂直流人工湿地的生物强化技术研究［J］. 环境工程，2015，33（3）：42-44.

［66］吕晶晶，张列宇，席北斗，等. 人工湿地中水溶性有机物三维荧光光谱特性的分析［J］. 光谱学与光谱分析，2015，35（8）：2212-2216.

［67］张金松. 饮用水二氧化氯净化技术［M］. 北京：化学工业出版社，2003.